STUDY ON SPATIAL AND TEMPORAL VARIATION
OF PHYTOPLANKTON AND PERIPHYTON COMMUNITY
IN JIANGSU PROVINCE OF YANGTZE RIVER

长江江苏段浮游植物和着生藻类群落结构时空变化规律研究

周俊伟　马殿光　杨婷婷　付吉斯　孙逸群　著

中国水利水电出版社
www.waterpub.com.cn

·北京·

内 容 提 要

本书涉及淡水河流水生态监测领域，以长江江苏段为应用实例系统介绍了浮游植物、着生藻类和理化指标的采样方法、数据处理、统计分析等方面技术。在长江江苏段不同季节布设多个采样点进行采样调查，从而获得浮游植物、着生藻类和环境因子数据，通过这些数据分析了长江江苏段浮游植物和着生藻类群落结构（包括种类组成、密度、生物量、优势种、多样性指数）的时空变化规律，并研究了其与环境因子的相关关系。

本书既可供水生生物学、鱼类学、水环境化学、环境科学等专业的研究人员参考，也可供大中专院校师生以及环境、水利等管理部门的管理人员学习。

图书在版编目（CIP）数据

长江江苏段浮游植物和着生藻类群落结构时空变化规律研究 / 周俊伟等著. -- 北京：中国水利水电出版社，2023.10
ISBN 978-7-5226-1877-7

Ⅰ. ①长… Ⅱ. ①周… Ⅲ. ①长江流域－浮游植物－群落生态学－研究－江苏②长江流域－藻类－群落生态学－研究－江苏 Ⅳ. ①Q948.8

中国国家版本馆CIP数据核字(2023)第204905号

书　　名	长江江苏段浮游植物和着生藻类群落结构时空变化规律研究 CHANG JIANG JIANGSU DUAN FUYOU ZHIWU HE ZHUOSHENG ZAOLEI QUNLUO JIEGOU SHIKONG BIANHUA GUILÜ YANJIU
作　　者	周俊伟　马殿光　杨婷婷　付吉斯　孙逸群　著
出版发行	中国水利水电出版社 （北京市海淀区玉渊潭南路1号D座　100038） 网址：www.waterpub.com.cn E-mail：sales@mwr.gov.cn 电话：(010) 68545888（营销中心）
经　　售	北京科水图书销售有限公司 电话：(010) 68545874、63202643 全国各地新华书店和相关出版物销售网点
排　　版	中国水利水电出版社微机排版中心
印　　刷	北京中献拓方科技发展有限公司
规　　格	184mm×260mm　16开本　6.75印张　140千字
版　　次	2023年10月第1版　2023年10月第1次印刷
定　　价	**68.00**元

Foreword
前言

长江江苏段地处长三角经济圈腹地，人口稠密、工业密集，也是南水北调东线工程的起点，其水质和水生态状况受到广泛关注。浮游植物和着生藻类作为河流生态系统最主要的初级生产者及群落结构的重要构成要素，他们的群落结构时空变化是河流生态系统研究的重点之一。本书通过浮游植物、着生藻类和环境因子的野外实地采样，分析了2012—2017年长江江苏段浮游植物和着生藻类群落结构的时空变化规律，并研究了其与环境因子的相关关系。内容涵盖浮游植物、着生藻类和理化指标采样方法，常用水生态数据处理与统计分析方法，浮游植物群落结构时空变化分析，着生藻类群落结构时空变化分析，长江江苏段浮游植物、着生藻类群落结构与环境因子的关系等。

近年来在"绿水青山就是金山银山"理念的引领下，中国经济社会逐渐向绿色转型，环境问题和生态问题逐渐受到人民的关注。在这一大环境背景下，各类水环境评价逐渐从原来的单一注重理化指标逐渐向关注水生生物、生境的方向发展，水生生物在河流水质评价中的作用越来越受到重视。这是因为水生生物群落结构整合了不同时间尺度上各种物理、化学和生物因素对水体的影响，是对环境质量状况的长期、连续的反映。浮游植物和着生藻类作为水生态系统中至关重要的组成部分，对水生生态系统的信息传递、物质循环和能量流动起着不可忽视的作用。浮游植物（又称浮游藻类）是指在水中营浮游生活的微小植物，淡水浮游植物可分为硅藻门、蓝藻门、绿藻门、裸藻门、甲藻门、金藻门、隐藻门和黄藻门8大门类。着生藻类是周丛生物的重要组成部分，其生长位置相对固定，可以附着在河流基底、坚硬岩石表面、水草、砂砾和其他基质上。根据所附着的基质的不同，可分为附石型藻类、附植型藻类及附动型藻类等。目前，关于长江下游地区浮游植物、着生藻类的研究成果还较少，数据资料少、数据序列不连续，且工作主要集中在长江口附近。定期、系统地开展长江有关区段浮游植物和着生藻类群落结构时空变化规律的研究有利于深入、全面了解长江的水质、水生态状况。

本书得到了国家重点研发计划项目（编号：2022YFC3204200）、广西科技重大专项（编号：桂科 AA23023016）、广西重点研发计划（编号：桂科 AB22035084）、交通运输部天津水运工程科学研究所科研创新基金项目（编号：TKS20230110）的资助，在编写过程中得到了交通运输部天津水运工程科学研究院领导、同事以及国内诸多同行的大力帮助，在此向他们及协助本书出版的同仁表示衷心感谢！

由于编者水平有限，书中难免存在一些不足甚至谬误之处，敬请读者批评指正。

作者

2023 年 6 月

Contents 目录

第1章

绪　论

1.1 引言

我国是一个水资源短缺的国家，水资源总量仅占世界的 8％，却维持着占世界 21.5％人口的生存。据水利部预测，到 2030 年全国用水总量将达到 8000 亿 m³，人均水资源量仅有 1750m³，接近我国可用水资源的合理利用上限。长江作为我国第一大河，是水资源最丰沛的地区之一，沿江分布着经济发达的 11 个省（自治区、直辖市），人口众多，是我国人口最为集中的区域，也是打造长江经济带的重要资源基础。目前，长江不仅要承担沿江居民的生产生活用水，同时还要通过南水北调工程给北方居民传输水源。然而，随着我国社会经济的高速发展，以及工业化、城镇化进程的不断推进，大量人口向长江流域聚集，人类不断开发利用沿江水资源，导致出现大量的水质污染现象，破坏了原有的水生态系统的生境，水生生物群落结构受到严重威胁。

研究显示，河流中的水生生物群落可以整合不同时间尺度上各种物理、化学和生物因素对水体的影响，是对环境质量状况的长期、连续的反应，同时水生生物群落对营养盐浓度和水环境变化反应灵敏。因此，水生生物在河流水质评价中的作用越来越受到重视。

浮游植物和着生藻类作为河流生态系统最主要的初级生产者及群落结构的重要构成要素，在河流生态系统中扮演着十分重要的角色，他们能增加群落物种多样性，使河流生态系统稳定性提高，抗干扰能力增强。大量的研究发现，河流水体中浮游植物和着生藻类的群落结构和水体水质有关，水质的好坏会直接或间接地影响浮游植物和着生藻类的繁殖、生长及其种类分布，浮游植物和着生藻类也会因水体污染状况的不同而发生相应的反应和变化。因此，他们既是水环境评价的良好指标，也能用作水环境质量评价的基本依据。浮游植物和着生藻类群落结构作为河流生态系统的研究重点之一，他们的群落结构会随着时间、季节和空间而变化，这种变化也反映了河流生态系统的结构和功能的时空规律，映射出河流水生态环境和群落结构受人类活动的影响程度。

1.2 国内外研究进展

1.2.1 浮游植物

浮游生物（*plankton*）是一个生态学概念，其定义是 1984 年由 Reynolds 提出的，是指在淡水或海水中呈悬浮状态生活的动植物群落，它们没有活动能力，只能做有限的运动。一般将浮游生物分为浮游动物（*zooplankton*）和浮游植物（*phyto-*

plankton）两大类。浮游植物（又称浮游藻类）是指在水中营浮游生活的微小植物，他们分布很广，大小悬殊且形状构造各异，大型种类肉眼便可观察到，小型的甚至不到 1μm，需用显微镜才能观察，细胞趋于球形或近似球形。一般来说，淡水浮游植物可分为硅藻门、蓝藻门、绿藻门、裸藻门、甲藻门、金藻门、隐藻门和黄藻门 8 大门类。

早在 20 世纪初，许多学者就已经开始研究浮游植物的个体大小划分、数量统计及种类鉴定等。20 世纪中叶，对浮游植物的生态学研究工作也开展起来。例如，1959 年 Nauwerck 提出了典型形状种类的生物量计算公式；1984 年 Reynolds 出版了《浮游植物生态学》一书，书中详细记录了浮游植物生态学自创设以来的研究成果。在此期间，我国对浮游植物的研究工作也逐渐展开，饶钦止、刘建康等人针对武汉东湖浮游植物群落等生态问题进行了 30 多年的研究，分析了浮游藻类的群落组成、数量变化规律以及浮游植物生产量与鱼产量之间的关系等，取得了重大成果。

1.2.2　着生藻类

着生藻类（*periphyton*）是周丛生物的重要组成部分，其生长位置相对固定，可以附着在河流基底、坚硬岩石表面、水草、砂砾和其他基质上。根据所附着的基质的不同，着生藻类可被分成附石型藻类、附植型藻类及附动型藻类等类别。其中，附石型藻类是生长在坚硬岩石表面的藻类，附植型藻类是生长在其他植物身上的藻类，附动型藻类是附着在水生动物表面生长的植物。着生藻类个体微小，群落通常呈黑绿色絮状物。河流中着生藻类主要包括硅藻门、绿藻门、蓝藻门、裸藻门，其他门类的藻类数量极少，统计时可忽略不计。

着生藻类在自然界分布广泛，对河流生态系统有着重要的作用。主要作用包括：①他是河流生态系统中重要的初级生产者；②他是多种食植性水生生物的重要食物来源；③着生藻类群落结构地域性较强，多样性较高；④因其能固定在基质表面，营固着生活且流动性极差等自身独特的优点，能够在河流生态系统被污染破坏时对水体污染状况做出良好的反应，可作为河流生态系统特征和水体富营养化程度的重要指示物质。此外，着生藻类还能够很好地吸收河流中的营养物质，抑制水华藻类的生长繁殖，在提高水体自净能力方面至关重要。然而，与浮游植物、底栖动物相比，着生藻类的调查研究还较少，仍未得到国内研究人员的重视。为了更好地研究河流水域生态系统，将着生藻类纳入研究体系十分重要。

国外对着生藻类在河流生物监测和评价中的应用的研究起步较早，Sergey 等人对俄国西北地域河流的着生藻类群落结构调查研究，对其水质进行了分析和评价，其中调查指标主要包括种群密度、物种丰富度和生物量等。相较而言，我国在着生藻类方面的研究起步较晚，2003 年，胡显安等人对松花江佳木斯江段的着生藻类群落结构进行了调查，发现硅藻种类数占藻类总数的 43.74%，硅藻在生物密度上占绝对优势。

1.2.3 浮游植物、着生藻类和环境因子的关系

影响浮游植物和着生藻类群落结构时空变化的因子有很多，主要包括其自身生理特性和外界环境因子，其中外界环境因子主要是光照、温度、叶绿素 a、pH 和营养盐等非生物因子。

温度和光照等环境因子直接影响浮游植物和着生藻类的群落结构的时空分布。研究表明，水温是影响藻类生长和繁殖的重要因素，藻类的代谢作用速率会随着水温的上升而加快，适宜的温度有助于藻类的生长，对大多数浮游植物而言，在其他环境因子适宜且不变的情况下，水温每上升 $10^{\circ}\mathrm{C}$，浮游植物代谢活动的强度将增加 2 倍。Ke. Z 等人发现，水温是影响藻类群落结构特征演变的最重要的环境因子，而不同种类的藻类受水温的影响不同，因此浮游植物和着生藻类群落结构往往存在季节差异。商兆堂等人发现，光照较强、温度偏高的情况下，太湖蓝藻暴发越严重。

叶绿素 a（Chl－a）、水体酸碱度（pH）等是影响浮游植物和着生藻类群落结构时空分布的重要因素。叶绿素 a 在藻类的光合作用过程中作用重大，叶绿素含量越高，水体越易发生富营养化。有关研究显示，多数藻类适宜在弱碱性或中性水体中生活。况琪军等人发现，浮游植物在酸化水体中的生长力很弱。Greenwood 等人对酸性沼泽地待的着生藻类调查后发现，加酸后（pH＝4）着生藻类的叶绿素含量比不加（pH＝5）的显著提高，但种类丰富度前者要小于后者。

营养盐水平是影响浮游植物和着生藻类时空分布的另一重要因素。当水体营养盐水平较低时，浮游植物种类较多，而当水体营养盐水平很高时，浮游植物种类则相对单一但数量较多。周敏等人发现，夏秋季浮游植物的生长会受到氨氮的限制，尤其是蓝藻。也有研究发现，很多时候单种营养盐对浮游植物的生长影响不显著，但当多种营养盐共同作用时，浮游植物的生长就会受到明显的限制。比如，氮、磷营养盐作为影响浮游植物生长的重要因子，他们单独影响藻类生长的能力有限，但是他们通过协同作用能影响藻类的群落结构。

1.2.4 长江江苏段研究进展

浮游植物和着生藻类作为水生态系统中至关重要的组成部分，对水生生态系统的信息传递、物质循环和能量流动起着不可忽视的作用。关于长江江苏段浮游植物的研究很少，且工作主要集中在长江口。如况琪军等对三峡工程蓄水前后浮游植物群落结构的调查分析，发现蓄水前和蓄水后浮游植物的种类数差异明显，浮游植物种类数由

蓄水前的 79 种增加到蓄水后到 151 种，三峡工程对库区浮游植物群落结构产生了重大影响。陈校辉等对长江江苏段的采样发现，2004 年 9 月—2005 年 3 月浮游植物共10 门 96 属 168 种，各采样点浮游植物密度均表现为枯水期高、丰水期低的特点。曾辉对 2004 年 3 月—2005 年 5 月间长江干流的重庆涪陵到江苏江阴的 29 个站点采样调查，分析显示，长江干流浮游植物数量和水流量呈显著负相关。

长江江苏段着生藻类研究较少，且主要研究区域为长江上游地区。杨超对长江上游江津段德感坝河岸着生藻类群落结构调查发现，2013 年 1 月—2014 年 1 月共镜检到着生藻类 8 门 100 种，其中硅藻门占绝对优势，5 月种类最多，12 月最少，长江上游宜宾至江津段着生藻类种类组成季节演替规律明显，具体表现为秋季＞冬季＞春季＞夏季，密度和生物量呈现从上游到下游增大的趋势。

1.3 研究目的及内容

1.3.1 研究目的

目前关于长江江苏段浮游植物和着生藻类等的生物监测还很少，且监测对象主要为鱼类。同时，对于浮游藻类和着生藻类的同步监测更是鲜有报道。本书通过研究浮游植物和着生藻类群落结构时空变化特征，探讨浮游植物和着生藻类群落结构对生境多样性、水环境变化和季节变化的响应规律，了解河流生物群落的演变规律，为长江江苏段的水体生物资源保护、水环境污染防治及保护提供基础资料和生物学依据，对分析预测水生态系统的发展演变趋势有一定的意义。

1.3.2 研究内容

本研究以长江江苏段为研究对象，根据 2012—2016 年 5 年（1 年 2 次，分夏、冬两季）10 次浮游植物以及 2016 年 7 月、10 月、12 月以及 2017 年 4 月（夏、秋、冬、春）四个季节 4 次着生藻类的采样调查，主要研究内容如下：

（1）分析长江江苏段浮游植物群落结构（种类、密度、生物量、优势种、生物多样性）的时空分布特征。

（2）分析长江江苏段着生藻类群落结构（种类、密度、生物量、优势种、生物多样性）的时空分布特征。

（3）结合环境因子，讨论长江江苏段浮游植物和着生藻类群落结构与环境因子之间的相关关系。

第2章

采样点布设及研究方法

2.1 研究区域概况

长江江苏段位于长江下游，是江苏省三大水系中的最大水系，其丰富的水资源已成为江苏经济发展的最大资源优势，有力推动了全省社会经济的发展。同时长江江苏段也是国家南水北调东线工程的源头，是沿江千万人民群众的饮用水源地，关系着百姓安全和民生福祉。

长江江苏段江面宽阔、洲滩众多，西起南京市江宁县和尚港，流经南京、镇江、扬州、泰州、常州、无锡、苏州、南通 8 个省辖市，至南通市分为南北两支，北支于启东县入海、南支于上海市入海。境内干流长 432.5km，岸线总长 1100km，水域面积约 28 万 hm^2，全段分为五段：第一段为南京河段，此段起自江宁和尚港，至三江口，长 85.1km，江面宽平均 2km 左右；第二段为镇扬河段，从三江口到镇江玉峰山，长 73.3km，江面宽约 3km；第三段为扬中河段，从镇江玉峰山至江阴鹅鼻嘴，长 87.7km，江面宽 3km 左右；第四段原称河口段，西起江阴鹅鼻嘴，东至长江口，长 186.4km，江面由窄渐宽，最宽处达 14km，后改为河口段和澄通河段两段。

与我国其他水系相比，长江江苏段有着较丰富的水生生物资源，是水生生物多样性最为典型的区域之一，该区域浮游植物分布广、数量大、种类多且复杂。据调查显示，1999 年长江江苏段共发现浮游植物 7 门 38 种，种类以硅藻为主，长江江苏段水生态系统从 20 世纪 80 年代到 1999 年，经过 20 年的发展与变化，总体上硅藻呈下降趋势，绿藻呈上升趋势，各个采样点浮游植物平均数量均上升一个数量级，细胞数量上升，种类却在减少。又经过 10 年的变化，2009 年共发现浮游植物 5 门 27 种，浮游植物种类继续减少，但群落结构仍以硅藻为主。这在一定程度上说明，长江江苏段在改革开放以来的这 30 年里，经济快速发展的同时也给生态环境造成了破坏，长江水质呈下降趋势但程度尚还不算严重。因此，本研究选取长江江苏段作为浮游植物和着生藻类群落结构的研究对象，探讨长江江苏段浮游植物和着生藻类的群落结构时空变化规律。

2.2 采样点布设

本研究采样点的布设结合《江苏水利志》中长江江苏段的分段情况以及水体实际自然环境情况等，在全段较均匀地布设了 5 个采样点，1 号为省界点、2 号为栖霞点、3 号为扬州点、4 号为江阴点、5 号为南通点。采样点位置信息见表 2.1。

表 2.1 采 样 点 位 置

采样点序号	采样点名称	采样点位置信息描述
1	省界	安徽、江苏省界附近
2	栖霞	南京栖霞山长江大桥附近
3	扬州	镇扬（镇江—扬州）汽渡航线附近
4	江阴	京沪高速 G2 江阴大桥附近
5	南通	南通市崇川区润生码头附近

2.3 采样时间

浮游植物采样时间为 2012—2016 年，共 5 年，每年两次，7 月（夏季）和 12 月（冬季）各一次，共采样 10 次。着生藻类采样时间为 2016 年 7 月、10 月、12 月以及 2017 年 4 月。环境因子同步监测。

2.4 采样方法

2.4.1 浮游植物

浮游植物样品采集分为定性和定量两种。定性样品用 25♯浮游生物网，于 50cm 水面下以"∞"型单向拖拉 4～5min，所有定性样品用 1.5％鲁戈试剂固定。定量样品需在水深 50cm 处采集水样 1000mL，然后立即加入 15mL 鲁戈试剂（鲁戈试剂：40g 碘溶于含碘化钾 60g 的 1000mL 水溶液）。实验室镜检之前，须先将水样静置沉淀 48h，然后浓缩并定容至 30mL，充分摇匀后方可用移液枪抽取 0.1mL 样品，置于 0.1mL 的浮游生物计数框中，最后放在 10×40 倍显微镜下进行种类鉴定和计数。

计数方法采用长条计数法，也就是选取两条相邻刻度，将从计数框的一边计数到计数框的另一边称为一个长条。一般情况下计数三条，如果藻类数目太少，则应全片计数。每个采样点计两张片子，取平均值。浮游植物种类鉴定主要以《淡水微型生物图谱》和《中国淡水藻类—系统、分类及生态》为参照。

2.4.2 着生藻类

本研究着生藻类的采样方法参照美国环保局提出的采集方法，即在每个采样点随机选择 3～5 块形状规整的石头，用硬毛牙刷刷取每块石头上约 $10cm^2$ 的平面，再用无藻水冲洗 3 次，装入试剂瓶中并记录体积，充分摇匀后，将其中 100mL 分别装入 2 个 50mL 棕色样品瓶中，并立即加入鲁戈试剂进行固定，用于藻类的定性和定量分析。

着生藻类种类鉴定和计数同浮游植物。鉴定浮游生物和着生藻类的显微镜是 Nikon ECLIPSE 50i。

2.4.3 环境因子

在采集浮游生物、着生藻类的同时，需采集每个采样点的水样进行化学参数分析。水温（WT）、pH 和溶解氧（DO）采用便携式水质监测仪（YSI 6600 V2）进行现场测定。

叶绿素 a（Chl-a）、总氮（TN）、总磷（TP）、氨氮（NH_3-N）、正磷酸盐（$PO_4^{3-}-P$）、高锰酸盐指数（COD_{Mn}）的测定，需用水样采集器采集 0.5m 水面以下深处的水样 1L，装瓶后带回实验室分析。具体测定方法参考《水和废水监测分析方法》和《湖泊富营养化调查规范（第二版）》。

2.5 数据处理

本次数据主要分为两部分：一是生物数据，包括浮游植物和着生藻类的种类、密度、生物量、优势种和多样性指数；二是环境因子数据，包括水温、pH、DO、Chl-a、TN、TP、NH_3-N、$PO_4^{3-}-P$、COD_{Mn}。生物数据主要用于分析群落时空变化规律，环境因子数据用于探讨生物因子和环境因子的影响机制规律。

2.5.1 浮游植物、着生藻类密度和生物量

浮游植物的密度计算公式为

$$N_1 = n \times \frac{A \times V_w}{A_c \times V} \tag{2.1}$$

着生藻类的密度计算公式为

$$N_2 = n \times \frac{C_1}{C_2 \times S} \tag{2.2}$$

式中　N_1——每升水中浮游植物的数目，cells/L；

$\quad\quad N_2$——单位面积着生藻类的数量，cells/cm^2；

$\quad\quad n$——计数所得的浮游植物/着生藻类的个体数目；

$\quad\quad A$——计数框面积，mm^2；

A_c——计数面积，mm^2；

V——计数框的体积，mL；

V_w——1L 水样经沉淀浓缩后的体积，mL；

C_1——标本定容水容量，mL；

C_2——实际计数的标本水量，mL；

S——刮取基质的总面积。

浮游植物和着生藻类的生物量通常按体积换算。在不同水体中，由于不同种类的藻类体积差相差很大，故在浮游植物的定量计算中，除了需要计算细胞密度，还需要计算生物量。浮游植物和着生藻类体积非常微小，肉眼不可见，直接称重较困难。然而又由于其有较规则的细胞外形和接近 1 的细胞比重（即生物细胞密度 $\approx 1g/mL$），故可用形态相近似的几何体积公式计算细胞体积，细胞重量的克数 $\approx$ 细胞体积的毫升数。

2.5.2 浮游植物、着生藻类优势种

优势种是指在群落中数量占优、生物量比重大、在特定生境中有较强适应能力的物种。他们对群落结构起控制作用，对环境起决定作用，一般可用优势度来衡量。优势度的计算公式为：

$$Y = \frac{n_i}{N} \times f_i \tag{2.3}$$

式中 Y——第 i 种浮游植物或着生藻类的优势度；

n_i——第 i 种浮游植物或着生藻类的数量；

N——采集样品中浮游植物或着生藻类所有种类的总个体数；

f_i——第 i 种浮游植物或着生藻类在所有样品中出现的频率。

将优势度 $Y > 0.02$ 的物种定为优势种。

2.5.3 群落多样性指数

生物多样性由物种多样性、遗传多样性和生态系统多样性三部分组成，本书重点研究浮游植物和着生藻类的物种多样性。物种多样性反映的是种类丰富度或丰度、均匀度以及生态系统多样性，被用来评价水生态系统的健康状况，高的多样性指数一般对应健康稳定的生物群落。其中，丰富度用于描述种类的丰富程度，均匀度表示各物种个体数目的分配均匀情况，生态系统多样性则综合反映了物种数目和分布的均匀程度。

大量文献显示，Shannon - Wiener 多样性指数（H'）、Margalef 丰富度指数（D）及 Pielou 均匀度指数（J）都能够较好地评价浮游生物的多样性，且这三者的结合使

用效果最佳。

为了得到更合理、更准确的长江江苏段浮游植物和着生藻类群落多样性现状，本研究选取 Shannon－Wiener 指数（H'）、Margalef 丰富度指数（D）及 Pielou 均匀度指数（J）三个多样性指标，多角度综合反映水体群落多样性水平。多样性指数计算公式如下：

Shannon－Wiener 指数（H'）为

$$H' = -\sum_{i=1}^{S} \left(\frac{n_i}{N}\right) \times \ln\left(\frac{n_i}{N}\right) \tag{2.4}$$

式中　S——样品物种数；

n_i——第 i 种生物的密度；

N——样品所有物种个数。

Shannon－Wiener 指数数值越大，表示群落结构越复杂，群落越趋于稳定。其评价标准为：$0 < H' < 1$，重污染；$1 \leqslant H' \leqslant 3$，中污染；$H' > 3$，清洁。

Margalef 丰富度指数（D）为

$$D = \frac{S-1}{\ln N} \tag{2.5}$$

Margalef 丰富度指数是描述物种丰富程度的指数，指数越高表示水生物群落越健康，反之越不健康、越不稳定。其评价标准为：$D < 1$，重污染型；$1 \leqslant D \leqslant 2$，$\alpha$－中污染型；$2 < D < 3$，$\beta$－中污染型；$D \geqslant 3$，清洁。

Pielou 均匀度指数（J）为

$$J = \frac{H'}{\ln S} \tag{2.6}$$

Pielou 均匀度指数介于 0 和 1 之间，其值越大表示物种个体分布越均匀，反之则不均匀。评价标准：$0 < J < 0.3$，为重污染；$0.3 \leqslant J \leqslant 0.5$，为中污染；$0.5 < J < 0.8$，为轻污染或无污染。

2.5.4　功能群

浮游植物种类数众多，研究其群落结构的工作量大且复杂，不易于研究工作的开展。藻类功能群（Functional Group）的划分是理解藻类群落结构的重要工具，根据藻类对不同环境因子的耐受能力、藻类细胞的大小以及群落结构空间特征差异，将不同生境条件下的藻类划分成不同的功能群，极大地简化了工作，降低了工作难度。1980 年，Reynolds 首先提出了"功能群"的概念，并于 2002 年提出浮游植物功能类群分类方法，该方法有效弥补了传统方法依靠单一或少数优势种反映生境特点而产生不确定性的不足，能够整体上了解水体浮游植物群落特性及其与环境因子的关系。在我国，已有不少研究表明，运用功能类群的方法可以较好地反映浮游植物生态特性的时空变化规律。2012 年，刘足根等人首次在赣江流域开展了浮游植物功能群落特征的调查；2012 年，张怡等利用功能类群的方法比较分析了不同水文动态条件下水库浮游植物功能群的演替特征。本研究中功能群的划分参照杨文等和胡韧等对浮游植物功能群的总结介绍。

2.6　统计分析

通过对浮游植物和着生藻类群落的实验分析，我们得到了基本的群落结构特征数据，要分析他们在时间和空间上的变化情况，还需要对他们进行分类、简化研究。

2.6.1　主成分分析法

在多变量的研究中，往往由于变量个数太多，且彼此间关系错综复杂，会导致数据信息部分重叠，研究难度加大。主成分分析法（Principal Component Analysis，PCA）归根到底是一种降维方法，它力求以更少的变量来代替原来的众多变量，同时尽可能达到同样的反映效果。本研究主成分分析法在 R 语言中完成。

2.6.2　相关性分析

相关分析（correlation analysis）是分析客观事物之间相关关系的方法。本研究采用 Pearson 相关系数分析法来对环境因子间的相关性进行分析。Pearson 相关系数是一个用来定量描述变量间线形相关程度的算子，其计算公式为

$$R = \frac{\sum\limits_{i=1}^{n}(x_i - \overline{x})(y_i - \overline{y})}{\sqrt{\sum\limits_{i=1}^{n}(x_i - \overline{x})^2}\sqrt{\sum\limits_{i=1}^{n}(y_i - \overline{y})^2}} \tag{2.7}$$

其中
$$\overline{x} = \frac{1}{n}\sum_{i=1}^{n} x_i$$

$$\overline{y} = \frac{1}{n}\sum_{i=1}^{n} y_i$$

随机变量 X、Y 的联合分布是二维正态分布，x_i 和 y_i 分别为 n 次独立的观测值。$-1 \leqslant R \leqslant 1$，$R$ 的绝对值越大代表 X、Y 越相关。

2.6.3　群落聚类分析

聚类分析（Cluster Analysis）是基于多元统计分析原理，以研究对象的相似程度对其进行分类研究，是简单方便又迅速准确的分类方法。近年来聚类分析方法不仅广

泛应用在地质、农业管理、天气预报等方面，而且在生物群落分类、水质评价方面也逐渐受到关注。

群落聚类分析方法适用于多个群落相似的比较，可将相似的群落归为一个类别。通过群落聚类分析，我们可以探究不同采样点群落结构特征之间的关系。具体步骤为：

（1）数据变换。采用对数转化处理的方式消除生物数据数量级上的差距对聚类效果的影响。

（2）选择聚类分析方法。聚类分析中常用距离来表示个体的差异程度，如欧氏距离、卡方距离、简单相关系数等。本研究选择采用最小方差聚类法（Ward 法）。

2.6.4　典范排序

典范排序是一种可以同时分析两种数据矩阵（解释变量和响应变量）之间相互关系的排序方法，包括冗余分析（RDA）、典范对应分析（CCA）、线性判别分析）（LDA）和多元因子分析（MFA）等。

RDA、CCA 是最常用于研究浮游植物、着生藻类、底栖动物等生物群落与环境因子关系的分析方法。这两种方法是非对称性约束排序法，均为多元回归和传统回归（PCA 或 CA）的组合。一般情况下，我们会选择 CCA 进行直接梯度分析，但 CCA 是非线性单峰模型，有一定的适用范围。当 CCA 排序效果不好时，则考虑使用线性模型—冗余分析（Redundancy Analysis，RDA）。判别标准为：先用物种数据做除趋势对应分析（Detrended Correspondence Analysis，DCA），观察图中 Lengths of gradient 的第一轴的长度，若长度大于 4 则选择 CCA，若取值在 3～4 之间，CCA 或 RDA 均可，若小于 3 则应选择 RDA。

本研究中，由于第一轴长度小于 3，故选择使用冗余分析（redundancy analysis，RDA）。RDA 是一种回归分析结合主成分分析的排序方法。本质上说，RDA 其实是响应变量矩阵（本研究中也就是生物的功能群数据矩阵）与解释变量矩阵（环境因子矩阵）之间多元多重线形回归的拟合值矩阵的 PCA 分析。2001 年，Gallagher 和 Legendre 通过开发了一系列转化技术，将 RDA 分析引入到物种数据分析领域，使得 RDA 成为一种更强大的分析工具。

在进行 RDA 分析时，首先要建立起生物和环境两个数据矩阵，然后计算出种类排序值和样品排序值，再将样品排序值和环境因子用回归分析方法结合起来，这样就能得到物种、群落分布和环境因子之间的关系。在 RDA 排序图中，箭头表示环境因子，其所处象限代表环境因子与排序轴之间的正负相关性，箭头连线的长度则表示环境因子与生物种类组成及群落分布的相关程度，连线越长表示环境因子对环境因子与生物种类组成及群落分布影响越大，反之越小。

第3章

浮游植物群落结构时空变化分析

浮游植物群落结构会随时间和空间的变化而变化。本章使用长江江苏段 2012—2016 年 5 年的浮游植物群落结构数据，每年分夏季（7 月）和冬季（12 月）两个时间点采样，每个时间点进行 5 次采样，共计 50 个采样样方。从夏季年际变化、冬季年际变化和季节间差异以及空间变化出发，分析长江江苏段浮游植物密度、生物量、种类、优势种、多样性等群落结构基本特征的时间变化规律。

3.1 浮游植物群落结构夏季年际变化

3.1.1 浮游植物种类组成

各采样点 2012—2016 年各年夏季浮游植物种类组成情况见表 3.1。

表 3.1　　各采样点 2012—2016 年各年夏季浮游植物种类组成情况

采样点	年份	总种数	硅藻	绿藻	蓝藻	裸藻	隐藻	黄藻	甲藻	金藻
省界	2012	57	30	12	8	2	4	1	0	0
	2013	33	20	5	5	1	2	0	0	0
	2014	25	5	11	5	2	1	0	1	0
	2015	17	9	4	4	0	0	0	0	0
	2016	12	7	2	3	0	0	0	0	0
栖霞	2012	77	22	32	10	9	4	0	0	0
	2013	29	13	7	2	2	4	0	0	1
	2014	39	10	16	5	4	3	1	0	0
	2015	20	5	6	8	1	0	0	0	0
	2016	25	11	4	4	3	3	0	0	0
扬州	2012	71	25	19	10	9	4	2	1	1
	2013	18	11	2	1	1	3	0	0	0
	2014	22	7	9	4	0	1	0	1	0
	2015	18	6	5	6	0	1	0	0	0
	2016	22	10	5	5	1	1	0	0	0
江阴	2012	55	10	27	10	1	4	1	2	0
	2013	24	9	10	1	2	2	0	0	0
	2014	19	10	3	4	1	1	0	0	0
	2015	17	5	7	3	2	0	0	0	0
	2016	15	6	4	4	0	1	0	0	0

续表

采样点	年份	总种数	硅藻	绿藻	蓝藻	裸藻	隐藻	黄藻	甲藻	金藻
南通	2012	62	19	24	9	3	4	0	1	2
	2013	32	12	14	2	2	1	0	0	1
	2014	17	9	6	0	0	2	0	0	0
	2015	25	9	12	4	0	0	0	0	0
	2016	24	13	7	4	0	0	0	0	0

省界点 2012—2016 年 5 年夏季浮游植物种类数变化范围为 12～57 种（表 3.1），整体上呈下降趋势。从其对应的种类组成图（图 3.1）可知，硅藻门、绿藻门和蓝藻门占藻类种类数较大。其中，硅藻种类占总种类的 50% 左右，最小值出现在 2014 年，为 5 种；最大值出现在 2012 年，为 30 种，整体上呈下降的趋势。其次是绿藻门，其种类占总种类的 23.61%，最大值出现在 2012 年，为 12 种；最小值出现在 2016 年，为 2 种。蓝藻门种类占总种类的 17.36%，其最大值出现在 2012 年，为 8 种；最小值出现在 2016 年，为 3 种，整体上蓝藻门的种类数呈现波动下降的趋势。

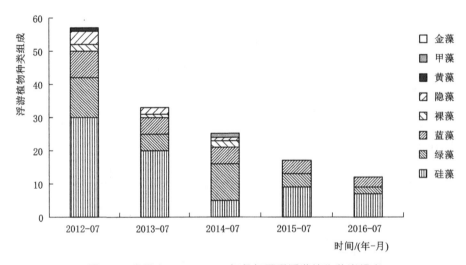

图 3.1 省界点 2012—2016 年各年夏季浮游植物种类组成

栖霞点 2012—2016 年 5 年夏季浮游植物种类数变化范围为 20～77 种，整体上呈下降趋势。从其对应的种类组成图（图 3.2）可知，总体上绿藻门、硅藻门、蓝藻门是构成栖霞点浮游植物种类的最主要门类。绿藻种类约占总种类的 34.2%，其种类最小值出现在 2016 年，为 4 种；最大值出现在 2012 年，为 32 种，整体上是一个波动下降的趋势。其次是硅藻门，其种类占总种类的 32.11%，最大值出现在 2012 年，为 22种；最小值出现在 2015 年，为 5 种。蓝藻门种类占总种类的 15.26%，其最大值出现在 2012 年，为 10 种；最小值出现在 2013 年，为 2 种。

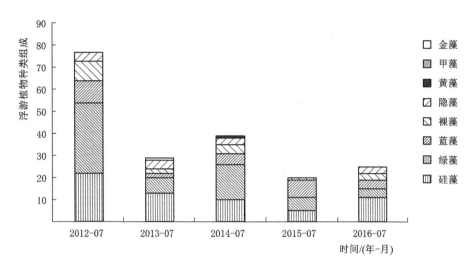

图 3.2　栖霞点 2012—2016 年各年夏季浮游植物种类组成

扬州点 2012—2016 年 5 年夏季浮游植物种类数变化范围为 18~71 种，整体上呈下降趋势。从其对应的种类组成图（图 3.3）可知，浮游植物主要由硅藻门、绿藻门、蓝藻门、裸藻门、隐藻门组成。总体上硅藻门、绿藻门、蓝藻门是构成扬州点浮游植物种类的最主要门类。硅藻种类占总种类的 39.07% 左右，其种类最小值出现在 2015 年，为 6 种；最大值出现在 2012 年，为 25 种，整体上是一个波动下降的趋势。其次是绿藻门，其种类占总种类的 26.49%，最大值出现在 2012 年，为 19 种；最小值出现在 2013 年，为 2 种。蓝藻门种类占总种类的 17.22%，其最大值出现在 2012 年，为 10 种；最小值出现在 2013 年，为 1 种。

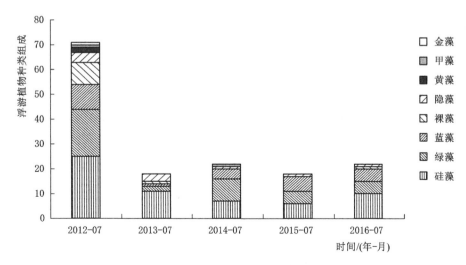

图 3.3　扬州点 2012—2016 年各年夏季浮游植物种类组成

江阴点 2012—2016 年 5 年夏季浮游植物种类数变化范围为 15～55 种，整体上呈下降趋势。从其对应的种类组成图（图 3.4）可知，浮游植物主要由绿藻门、硅藻门、蓝藻门、隐藻门、裸藻门、黄藻门组成。总体上绿藻门、硅藻门、蓝藻门是构成江阴点浮游植物种类的最主要门类。绿藻种类占总种类的 39.23% 左右，其种类最小值出现在 2014 年，为 3 种；最大值出现在 2012 年，为 27 种，整体上是一个波动下降的趋势。其次是硅藻门，其种类占总种类的 30.77%，最大值出现在 2012 年，为 10 种；最小值出现在 2015 年，为 5 种，整体上变化趋势平缓。蓝藻门种类占总种类的 16.92%，其最大值出现在 2012 年，为 10 种；最小值出现在 2013 年，为 1 种。

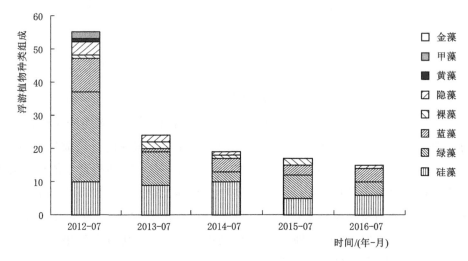

图 3.4　江阴点 2012—2016 年各年夏季浮游植物种类组成

南通点 2012—2016 年 5 年夏季浮游植物种类数变化范围为 17～62 种，整体上呈下降趋势。从其对应的种类组成图（图 3.5）可知，浮游植物主要由绿藻门、硅藻门、蓝藻门、隐藻门、裸藻门、金藻门组成。总体上绿藻门、硅藻门、蓝藻门是构成江阴点浮游植物种类的最主要门类。绿藻种类占总种类的 39.38% 左右，其种类最小值出现在 2016 年，为 7 种；最大值出现在 2012 年，为 24 种，整体上是一个波动下降的趋势。其次是硅藻门，其种类占总种类的 38.75%，最大值出现在 2012 年，为 19 种；最小值出现在 2014 年、2015 年，为 9 种，整体上变化趋势平缓。蓝藻门种类占总种类的 11.88%，其最大值出现在 2012 年，为 9 种；最小值出现在 2014 年，为 0 种。

3.1.2　浮游植物密度

各采样点 2012—2016 年各年夏季浮游植物密度变化情况见表 3.2。

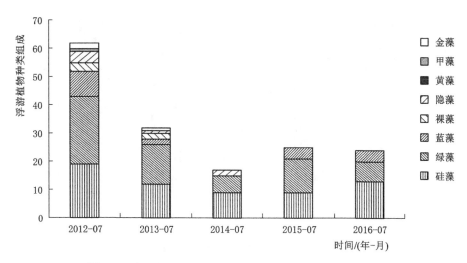

图 3.5　南通点 2012—2016 年各年夏季浮游植物种类组成

表 3.2　　　　　　**各采样点 2012—2016 年各年夏季浮游植物密度变化**　　　单位：万 cells/L

年份	省界	栖霞	扬州	江阴	南通
2012	68.18	44.81	34.04	42.04	113.38
2013	62.67	39.00	4.27	51.33	88.00
2014	38.50	33.50	26.11	16.10	64.44
2015	53.00	40.33	36.17	50.17	91.50
2016	72.33	70.00	78.00	73.60	98.10

省界点 2012—2016 年 5 年夏季浮游植物平均密度为 58.94 万 cells/L，在 38.50 万～ 72.33 万 cells/L 之间变动（表 3.2）。基本上呈现先下降后上升的趋势，转折点为 2014 年。从其对应的百分比组成图（图 3.6）可知，从 2012 年夏季到 2016 年夏季，浮游植物密度组成上，蓝藻门占比最大（约占总密度的 71%）。蓝藻门占比最小值出现在 2014 年，为 3.5%；最大值出现在 2016 年，为 89.86%，整体上是一个波动上升的趋势。其次是硅藻门（约占总密度的 11.60%），其最大值出现在 2012 年（16.38%），最小值出现在 2014 年（4.33%），整体上呈现一个波动下降的趋势。

栖霞点 2012—2016 年 5 年夏季浮游植物平均密度为 45.53 万 cells/L，在 33.50 万～70.00 万 cells/L 之间变动（表 3.2），基本上呈现先下降后上升的趋势。从其对应的百分比组成图（图 3.7）可知，总体上蓝藻门占比最大（约占总密度的 50%）。其密度占比的最小值出现在 2014 年（13.43%），最大值出现在 2015 年（85.95%），具体表现为 2015 年＞2012 年＞2016 年＞2013 年＞2014 年。其次是绿藻门（约占总密度的 22.62%），其密度占比的最大值出现在 2014 年（54.73%），最小值出现在

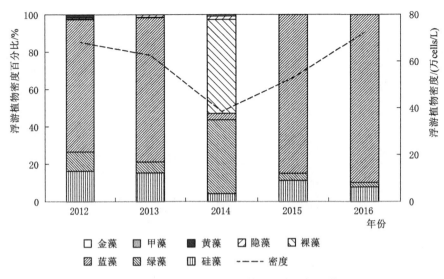

图 3.6　省界点各年夏季浮游藻类密度和其百分比

2015 年（6.61％），具体表现为 2014 年＞2016 年＞2012 年＞2013 年＞2015 年。硅藻门约占总密度的 15.46％，最大值出现在 2016 年（19.52％），最小值出现在 2015 年（7.02％），具体表现为 2016 年＞2013 年＞2014 年＞2012 年＞2015 年。

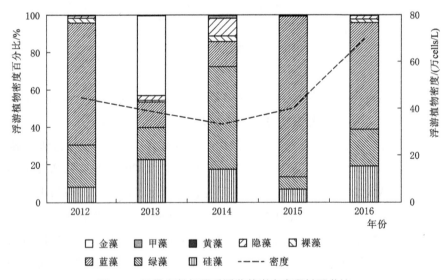

图 3.7　栖霞点各年夏季浮游藻类密度和其百分比

扬州点 2012—2016 年 5 年夏季浮游植物平均密度为 35.72 万 cells/L，在 4.27 万～78.00 万 cells/L 之间变动（表 3.2）。基本上呈现先下降后上升的趋势，转折点为 2013 年。从其对应的百分比组成图（图 3.8）可知，总体上蓝藻门占比最大（约占总密度的 72.60％）。其密度占比的最小值出现在 2013 年（39.06％），最大值出现在 2016 年（75.64％）。具体表现为 2016 年＞2015 年＞2014 年＞2012 年＞2013 年，呈

上升趋势。其次是硅藻门（约占总密度的 12.80％），其密度占比最大值出现在 2016
年（13.46％），最小值出现在 2013 年（37.50％），具体表现为 2016 年＞2012 年＞
2015 年＞2014 年＞2013 年。

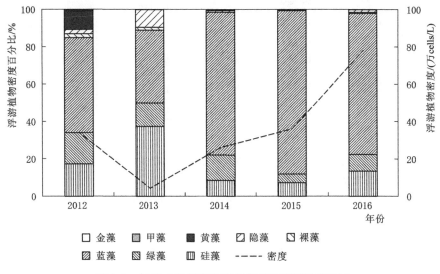

图 3.8　扬州点各年夏季浮游藻类密度和其百分比

江阴点 2012—2016 年 5 年夏季浮游植物平均密度为 46.65 万 cells/L，在 16.10
万～73.60 万 cells/L 之间变动（表 3.2），基本上呈波动上升的趋势。从其对应的百
分比组成图（图 3.9）可知，总体上蓝藻门占比最大（约占总密度的 68.07％）。其密
度占比的最小值出现在 2014 年（25.97％），最大值出现在 2016 年（87.50％）。具体
表现为 2016 年＞2015 年＞2012 年＞2013 年＞2014 年，呈先下降后上升趋势，转折点
是 2014 年。其次是绿藻门（约占总密度的18.47％），最大值出现在 2013 年（42.86％），
最小值出现在 2015 年（6.98％），具体表现为 2013 年＞2012 年＞2016 年＞2014 年＞
2015 年。

南通点 2012—2016 年 5 年夏季浮游植物平均密度为 91.09 万 cells/L，在 64.44
万～113.38 万 cells/L 之间变动（表 3.2），基本上呈现先下降后上升的趋势。从其对
应的百分比组成图（图 3.10）可知，总体上蓝藻门占比最大（约占总密度的
43.87％）。其密度最大值出现在 2012 年（54.27％），2014 年没有观测到蓝藻，具体
表现为 2012 年＞2015 年＞2016 年＞2013 年＞2014 年，呈先下降后上升趋势。其次
是绿藻门（约占总密度的 30.81％），最大值出现在 2012 年（30.60％），最小值出现在
2016 年（22.94％），变化幅度较平缓。硅藻门的平均密度占总密度的 22.49％，其最大
值出现在 2014 年（50％），最小值出现在 2015 年（9.29％），具体表现为 2014 年＞2016
年＞2013 年＞2012 年＞2015 年。

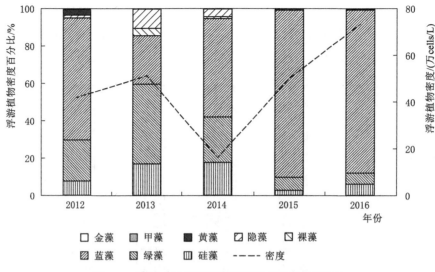

图 3.9　江阴点各年夏季浮游藻类密度和其百分比

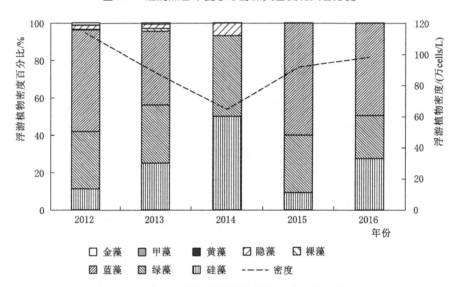

图 3.10　南通点各年夏季浮游植物密度和其百分比

3.1.3　浮游植物生物量

各采样点 2012—2016 年各年夏季浮游植物生物量变化情况见表 3.3。

表 3.3　　　　　各采样点 2012—2016 年各年夏季浮游植物生物量变化情况　　　　单位：mg/L

年份	省界	栖霞	扬州	江阴	南通
2012	0.215	0.272	0.134	0.143	0.510
2013	0.117	0.640	0.043	0.352	0.718
2014	0.364	0.516	0.123	0.090	0.674

年份	省界	栖霞	扬州	江阴	南通
2015	0.150	0.176	0.137	0.228	0.376
2016	0.341	0.382	0.309	0.174	0.367

省界点 2012—2016 年 5 年夏季浮游植物平均生物量为 0.24mg/L，在 0.117 ～ 0.364mg/L 之间变动（表 3.3）。总体上生物量变化趋势复杂，各年间差异较大。从其对应的百分比组成图（图 3.11）可知，2012 年夏季到 2016 年夏季，浮游植物生物量组成上，硅藻门占比最大，约占总生物量的 48.87%，其生物量最小值出现在 2016 年（15.05%），最大值出现在 2014 年（89.86%），整体上是一个倒 "N" 字形波动变化的趋势，具体表现为 2014 年＞2012 年＞2015 年＞2013 年＞2016 年。其次是绿藻门（约占总生物量的 28.38%），最大值出现在 2016 年（50.18%），最小值出现在 2013 年（7.22%），整体上绿藻门呈现一个波动上升的趋势，具体表现为 2016 年＞2014 年＞2015 年＞2012 年＞2013 年。蓝藻门（约占总生物量的 16.86%），其最大值出现在 2016 年（34.77%），最小值出现在 2014 年（2.52%），整体上蓝藻门呈现一个先下降后上升的趋势，转折点为 2014 年，具体表现为 2016 年＞2015 年＞2012 年＞2013 年＞2014 年。

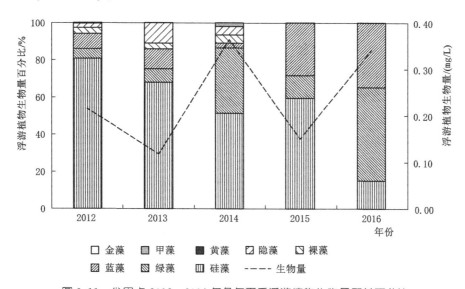

图 3.11　省界点 2012—2016 年各年夏季浮游植物生物量和其百分比

栖霞点 2012—2016 年 5 年夏季浮游植物平均生物量为 0.40mg/L，在 0.176～ 0.640mg/L 之间变动（表 3.3）。总体上生物量变化趋势复杂，各年间差异较大。从其对应的百分比组成图（图 3.12）可知，2012 年夏季到 2016 年夏季，浮游植物生物量组成上，硅藻门占比最大（约占总生物量的 37.69%），其生物量最小值出现在 2016 年（31.91%），最大值出现在 2016 年（83.52%），整体上是一个先下降后上升的趋势。其次是金藻门（约占总生物量的 20.59%），其只出现在 2013 年（63.90%），其他年份均没有出现金藻门。蓝藻门平均密度占总密度的 16.16%，其最大值出现在 2014 年（34.77%），最小值出现在 2016 年（2.52%），整体上蓝藻门呈现一个倒"N"字形波动变化的趋势。

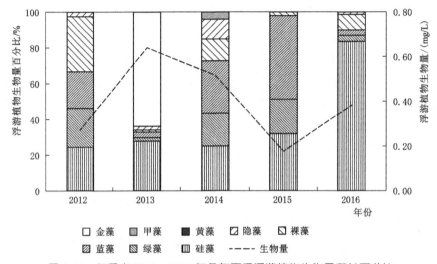

图 3.12　栖霞点 2012—2016 年各年夏季浮游植物生物量和其百分比

扬州点 2012—2016 年 5 年夏季浮游植物平均生物量为 0.15mg/L，在 0.043～0.309mg/L 之间变动，总体上生物量呈先下降后上升的变化趋势，转折点为 2013 年。从其对应的百分比组成图（图 3.13）可知，2012 年夏季到 2016 年夏季，浮游植物生物量组成上，硅藻门占比最大，约占总生物量的 50.38%，其生物量最小值出现在 2012 年（17.24%），最大值出现在 2016 年（68.80%），整体呈上升的趋势。其次是蓝藻门（约占总生物量的 25.19%），最大值出现在 2012 年（50.87%），2013 年没有检测到蓝藻门。绿藻门的平均密度占总密度的 11.63%，其最大值出现在 2014 年（29.59%），最小值出现在 2013 年（1.49%），整体上绿藻门呈现一个倒"N"字形波动变化的趋势，具体表现为 2014 年＞2012 年＞2015 年＞2016 年＞2013 年。

江阴点 2012—2016 年 5 年夏季浮游植物平均生物量为 0.20mg/L，在 0.090～0.352mg/L 之间变动，总体上生物量变化趋势复杂，各年间差异较大。从其对应的百分比组成图（图 3.14）可知，2012 年夏季到 2016 年夏季，浮游植物生物量组成上，硅藻门占比最大（约占总生物量的 46.74%），其生物量最小值出现在 2015 年（7.55%），最大值出现在 2013 年（51.97%），整体上呈先下降后上升的趋势，转折点为 2015 年。其次是绿藻门（约占总生物量的 27.58%），最大值出现在 2015 年（81.53%），最小值出现在 2014 年（5.68%）。蓝藻门（约占总密度的 10.38%），其最大值出现在 2016 年（29.59%），最小值出现在 2013 年（1.49%），具体表现为 2016 年＞2012 年＞2014 年＞2015 年＞2013 年。

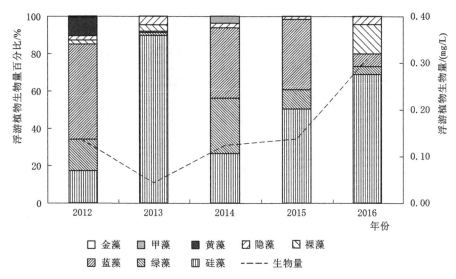

图 3.13 扬州点 2012—2016 年各年夏季浮游植物生物量和其百分比

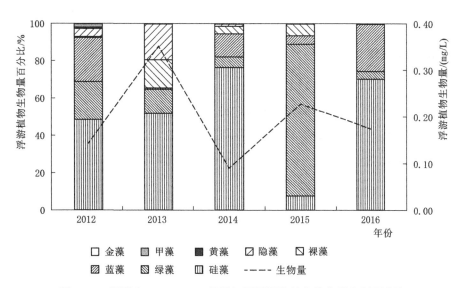

图 3.14 江阴点 2012—2016 年各年夏季浮游植物生物量和其百分比

南通点 2012—2016 年 5 年夏季浮游植物平均生物量为 0.53mg/L，在 0.367～0.718mg/L 之间变动，总体上生物量呈先上升后下降的趋势，转折点为 2013 年。从其对应的百分比组成图（图 3.15）可知，2012 年夏季到 2016 年夏季，浮游植物生物量组成上，硅藻门占比最大，约占总生物量的 51.77%，其生物量最小值出现在 2015年（33.27%），最大值出现在 2014 年（75.01%），整体上无明显变化趋势，具体表现为 2014 年＞2012 年＞2016 年＞2013 年＞2015 年。其次是绿藻门（约占总生物量的 31.39%），最大值出现在 2013 年（56.93%），最小值出现在 2016 年（14.59%）。蓝藻门的平均密度占总密度的 6.96%，其最大值出现在 2015 年（21.71%），2014 年没有监测到蓝藻。

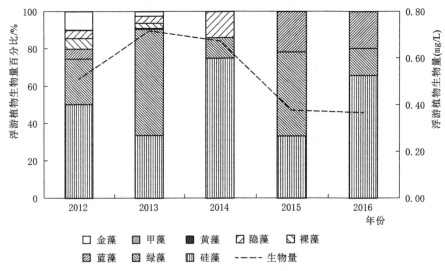

图 3.15　南通点 2012—2016 年各年夏季浮游植物生物量和其百分比

3.1.4　浮游植物优势种

优势种是指在群落中数量占优、生物量比重大、在特定生境中有较强适应能力的物种。本书以优势度 Y＞0.02 的物种作为长江江苏段浮游植物优势种，具体情况见附录Ⅰ。2012—2016 年 5 年夏季共检测到浮游藻类优势种 5 门 26 种，其中，蓝藻门最多，为 14 种，其次为绿藻门 6 种，硅藻门 4 种，裸藻门、金藻门各 1 种。

3.1.5　浮游植物多样性指数

本研究中用 Shannon-Wiener 指数（H'）衡量 2012—2016 年夏季长江江苏段各采样点浮游植物的物种多样性；用 Margalef 丰富度指数（D）衡量其丰富度；用 Pielou 均匀度指数（J）衡量其物种分布的均匀程度。具体结果见表 3.4。

表 3.4　　　　　　　　　　　　2012—2016 年夏季三种多样性指数

多样性指数	年份	省界	栖霞	扬州	江阴	南通
H'	2012	2.51	2.85	3.24	3.04	3.08
	2013	1.93	2.19	2.26	2.70	2.86
	2014	2.01	3.12	2.00	2.37	2.45
	2015	1.68	2.06	1.97	1.44	2.61
	2016	1.49	2.42	2.28	1.66	2.77

续表

多样性指数	年份	省界	栖霞	扬州	江阴	南通
D	2012	4.17	5.84	5.50	4.17	4.38
	2013	2.40	2.17	1.59	1.75	2.26
	2014	1.87	2.99	1.68	1.50	1.20
	2015	1.21	1.47	1.33	1.22	1.75
	2016	0.82	1.78	1.55	1.04	1.67
J	2012	0.62	0.66	0.76	0.76	0.75
	2013	0.55	0.65	0.78	0.85	0.83
	2014	0.62	0.85	0.65	0.81	0.86
	2015	0.59	0.69	0.68	0.51	0.81
	2016	0.60	0.75	0.74	0.61	0.87

对 2012—2016 年夏季 5 个采样点的三种多样性指数求平均值可知，H'的平均值为 2.36，变动范围为 1.44～3.24；D 的平均值为 2.29，变动范围为 0.82～5.84；J 的平均值为 0.71，变动范围为 0.51～0.87。三种指数显示，长江江苏段浮游植物整体上多样性、丰富度、均匀度、稳定性较好。

从各个采样点的年际变化来看（图 3.16），Shannon - Wiener 多样性指数整体上表现为下降趋势。H'最小值出现在 2015 年夏季的江阴点，最大值出现在 2012 年夏季的扬州点。

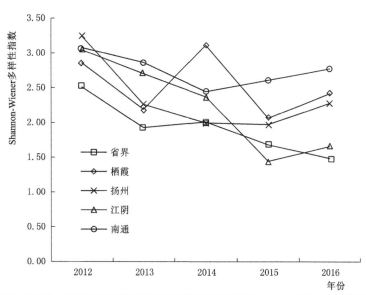

图 3.16　2012—2016 年各采样点各年夏季浮游藻类 Shannon - Wiener 多样性指数

从各个采样点的年际变化来看（图 3.17），Margalef 丰富度指数整体上表现为下降趋势。D 最小值出现在 2016 年夏季的省界点，最大值出现在 2012 年夏季的栖霞点。

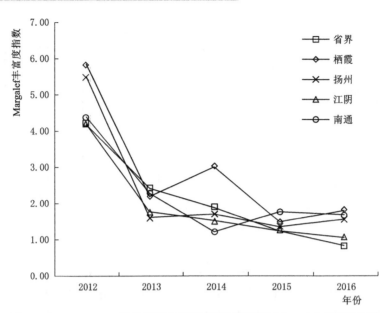

图 3.17　2012—2016 年各采样点各年夏季浮游藻类 Margalef 丰富度指数

从各个采样点的年际变化来看（图 3.18），Pielou 均匀度指数各采样点变化趋势各有不同，其中扬州点、南通点和江阴点的趋势相同，均表现为先上升后下降再上升，但南通点转折点为 2014 年和 2015 年，而江阴点转折点为 2013 年和 2015 年，省界点和扬州点则表现为两种完全不同的趋势，省界点为先下降后上升再下降，而扬州点则为先上升后下降再上升。其中 J 最小值出现在 2015 年夏季的江阴点，最大值出现在 2016 年夏季的南通点。

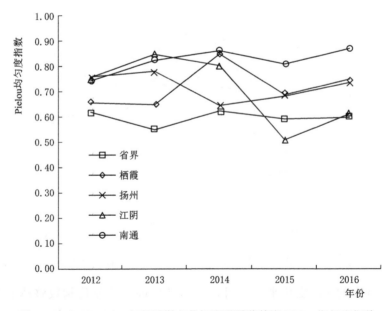

图 3.18　2012—2016 年各采样点各年夏季浮游藻类 Pielou 均匀度指数

3.2 浮游植物群落结构冬季年际变化

3.2.1 浮游植物种类组成

各采样点 2012—2016 年各年冬季浮游植物种类组成情况见表 3.5。

表 3.5　　　　各采样点 2012—2016 年各年冬季浮游植物种类组成情况

采样点	年份	总种数	硅藻	绿藻	蓝藻	裸藻	隐藻	黄藻	甲藻	金藻
省界	2012	54	29	17	0	2	4	1	1	0
	2013	30	10	14	4	1	1	0	0	0
	2014	17	4	9	2	0	2	0	0	0
	2015	16	4	7	1	0	3	0	1	0
	2016	18	9	3	3	0	3	0	0	0
栖霞	2012	42	16	16	0	2	4	0	2	2
	2013	34	14	15	4	0	1	0	0	0
	2014	12	4	4	3	0	1	0	0	0
	2015	17	6	5	1	2	2	0	0	0
	2016	16	5	4	2	3	2	0	0	0
扬州	2012	55	23	23	0	3	4	1	1	0
	2013	26	6	12	5	0	3	0	0	0
	2014	18	4	10	2	0	2	0	0	0
	2015	17	3	11	2	0	1	0	0	0
	2016	18	5	5	4	2	2	0	0	0
江阴	2012	46	20	18	0	1	4	0	1	2
	2013	22	5	9	5	1	2	0	0	0
	2014	17	2	13	1	0	1	0	0	0
	2015	18	2	10	4	1	1	0	0	0
	2016	16	5	7	3	0	1	0	0	0
南通	2012	47	25	14	0	2	4	1	0	1
	2013	23	12	6	3	0	2	0	0	0
	2014	15	3	8	1	0	3	0	0	0
	2015	20	9	4	3	0	3	0	0	1
	2016	24	13	3	2	2	2	0	2	0

省界点 2012—2016 年 5 年冬季浮游植物种类数变化范围为 16~54 种（表 3.5），
总体上呈下降趋势。从其对应的种类组成图（图 3.19）可知，2012—2016 年冬季，

硅藻门和绿藻门的种类数占比最大。其中，硅藻种类占总种类的 41.48％，其种类最小值出现在 2014 年、2015 年，为 4 种；最大值出现在 2012 年，为 29 种，整体上呈下降趋势。其次是绿藻门，其种类占总种类的 37.04％，最大值出现在 2012 年，为 17 种；最小值出现在 2016 年，为 3 种，整体上绿藻门的种类数呈现一个逐渐下降的趋势。

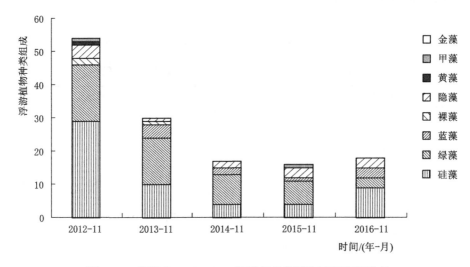

图 3.19　省界点 2012—2016 年各年冬季浮游植物种类组成

栖霞点 2012—2016 年 5 年冬季浮游植物种类数变化范围为 12～42 种（表 3.5），总体上呈下降趋势。从其对应的种类组成图（图 3.20）可知，2012—2016 年冬季，硅藻门和绿藻门占比较大。其中，硅藻门种类占总种类的 37.19％，最大值出现在 2012 年，为 16 种；最小值出现在 2014 年，为 4 种，整体上硅藻门的种类数呈下降的趋势。绿藻种类占总种类的 36.36％，其种类最小值出现在 2014 年、2016 年，为 4 种；最大值出现在 2012 年，为 16 种，整体上呈下降趋势。

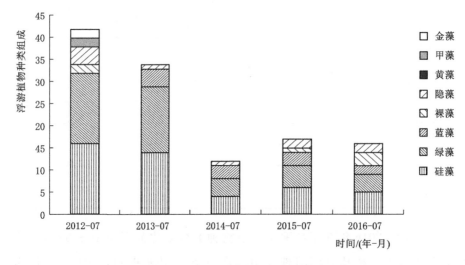

图 3.20　栖霞点 2012—2016 年各年冬季浮游植物种类组成

扬州点 2012—2016 年 5 年冬季浮游植物种类数变化范围为 17～55 种（表 3.5），总体上呈下降趋势。从其对应的种类组成图（图 3.21）可知，2012—2016 年冬季，绿藻门和硅藻门占比较大。其中，绿藻门种类占总种类的 45.52%，最大值出现在 2012 年，为 23 种；最小值出现在 2016 年，为 5 种，整体上绿藻门的种类数呈下降的趋势。硅藻种类占总种类的 31.34%，其种类最小值出现在 2015 年，为 3 种；最大值出现在 2012 年，为 23 种，整体上呈下降趋势。

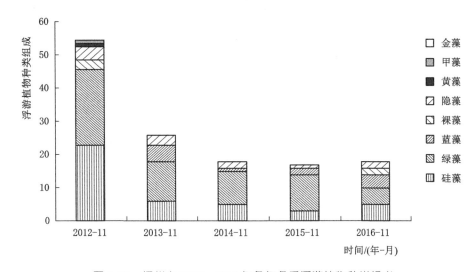

图 3.21　扬州点 2012—2016 年各年冬季浮游植物种类组成

江阴点 2012—2016 年 5 年冬季浮游植物种类数变化范围为 16～46 种（表 3.5），总体上呈下降趋势。从其对应的种类组成图（图 3.22）可知，2012—2016 年冬季，绿藻门和硅藻门占比较大。其中绿藻门种类占总种类的 47.90%，最大值出现在 2012 年，为 18 种；最小值出现在 2016 年，为 7 种，整体上绿藻门的种类数呈下降的趋势。硅藻种类占总种类的 28.57%，其种类最小值出现在 2014 年、2015 年，为 2 种；最大值出现在 2012 年，为 20 种，整体上呈下降趋势。

南通点 2012—2016 年 5 年冬季浮游植物种类数变化范围为 15～47 种（表 3.5），总体上呈下降趋势。从其对应的种类组成图（图 3.23）可知，2012—2016 年冬季，硅藻门和绿藻门占比较大。其中，硅藻门种类占总种类的 48.06%，最大值出现在 2012 年，为 25 种；最小值出现在 2014 年，为 3 种，整体上硅藻门的种类数呈先下降后上升的趋势。绿藻种类占总种类的 27.13%，其种类最小值出现在 2016 年，为 3 种；最大值出现在 2012 年，为 14 种，整体上呈下降趋势。

3.2.2　浮游植物密度

长江江苏段 2012—2016 年各年冬季浮游植物密度变化情况见表 3.6。

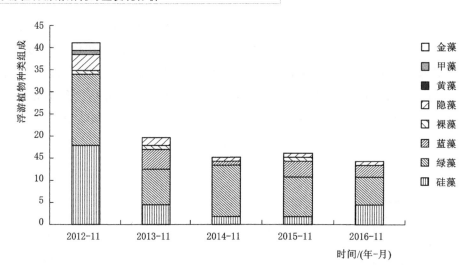

图 3.22 江阴点 2012—2016 年各年冬季浮游植物种类组成

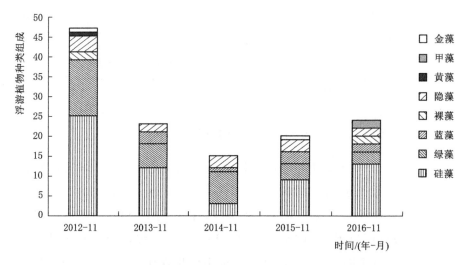

图 3.23 南通点 2012—2016 年各年冬季浮游植物种类组成

表 3.6   2012—2016 年各年冬季浮游植物密度   单位：万 cells/L

年份	省界	栖霞	扬州	江阴	南通
2012	19.67	31.33	13.35	28.33	45.31
2013	36.83	28.07	23.60	42.50	56.64
2014	16.00	12.33	13.51	15.64	31.67
2015	31.50	32.25	32.67	39.93	74.00
2016	45.00	47.67	47.67	37.33	85.00

省界点 2012—2016 年 5 年冬季浮游藻类平均密度为 29.80 万 cells/L，在 16.00 万～45.00 万 cells/L 之间变动（表 3.6）。其中，冬季浮游藻类密度最大值出现在

2016 年，最小值出现在 2014 年，最大值是最小值的 2.81 倍，具体表现为 2016 年＞ 2013 年＞2015 年＞2012 年＞2014 年。栖霞点 2012—2016 年 5 年冬季浮游藻类平均密度为 30.33 万 cells/L，在 12.33 万～47.67 万 cells/L 之间变动（表 3.6）。其中，冬季浮游藻类密度最大值出现在 2016 年，最小值出现在 2014 年，最大值是最小值的 3.86 倍，具体表现为 2016 年＞2015 年＞2012 年＞2013 年＞2014 年。扬州点 2012—2016 年 5 年冬季浮游藻类平均密度为 26.16 万 cells/L，在 15.64 万～47.50 万 cells/L 之间变动（表 3.6）。其中，冬季浮游藻类密度最大值出现在 2016 年，最小值出现在 2012 年，最大值是最小值的 3.57 倍，具体表现为 2016 年＞2015 年＞ 2013 年＞2014 年＞2012 年。江阴点 2012—2016 年 5 年冬季浮游藻类平均密度为 32.75 万 cells/L，在 15.64 万～47.50 万 cells/L 之间变动（表 3.6）。其中，冬季浮游植物密度最大值出现在 2013 年，最小值出现在 2014 年，最大值是最小值的 2.72 倍，具体表现为 2013 年＞2015 年＞2016 年＞2012 年＞2014 年。南通点 2012— 2016 年 5 年冬季浮游藻类平均密度为 58.52 万 cells/L，在 31.67 万～85.00 万 cells/L 之间变动（表 3.6）。其中，冬季浮游植物密度最大值出现在 2016 年，最小值出现在 2014 年，最大值是最小值的 2.68 倍。具体表现为 2016 年＞2015 年＞ 2013 年＞2012 年＞2014 年。

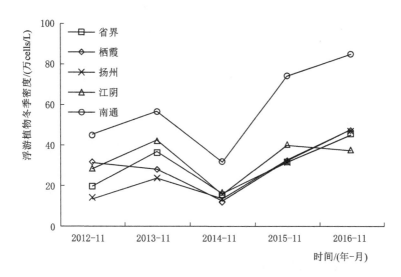

图 3.24　2012—2016 年各年冬季浮游植物密度

总体上，长江江苏段 2012—2016 年各年冬季浮游植物密度呈"N"字形变化趋势，2014 年浮游植物密度最小，2016 年最大。

3.2.3　浮游植物生物量

长江江苏段 2012—2016 年各年冬季浮游植物生物量变化情况见表 3.7。

表 3.7   2012—2016 年各年冬季浮游植物生物量   单位：mg/L

年份	省界	栖霞	扬州	江阴	南通
2012	0.201	0.370	0.157	0.316	0.611
2013	0.133	0.154	0.139	0.243	0.377
2014	0.088	0.126	0.088	0.156	0.331
2015	0.283	0.130	0.118	0.049	0.311
2016	0.345	0.369	0.340	0.131	0.489

省界点 2012—2016 年 5 年冬季浮游植物平均生物量为 0.210mg/L，在 0.088～0.345mg/L 之间变动（表 3.7）。其中，冬季浮游植物密度最大值出现在 2016 年，最小值出现在 2014 年，最大值是最小值的 3.92 倍，具体表现为 2016 年＞2015 年＞2012 年＞2013 年＞2014 年。栖霞点 2012—2016 年 5 年冬季浮游植物平均生物量为 0.230mg/L，在 0.126～0.370mg/L 之间变动（表 3.7）。其中，冬季浮游植物生物量最大值出现在 2012 年，最小值出现在 2014 年，最大值是最小值的 2.93 倍，具体表现为 2012 年＞2016 年＞2013 年＞2015 年＞2014 年。扬州点 2012—2016 年 5 年冬季浮游植物平均生物量为 0.170mg/L，在 0.088～0.340mg/L 之间变动（表 3.7）。其中，冬季浮游植物生物量最大值出现在 2016 年，最小值出现在 2014 年，最大值是最小值的 3.85 倍，具体表现为 2016 年＞2012 年＞2013 年＞2015 年＞2014 年。江阴点 2012—2016 年 5 年冬季浮游植物平均生物量为 0.180mg/L，在 0.049～0.316mg/L 之间变动（表 3.7）。其中，冬季浮游植物生物量最大值出现在 2012 年，最小值出现在 2015 年，最大值是最小值的 6.43 倍，具体表现为 2012 年＞2013 年＞2014 年＞2016 年＞2011 年。南通点 2012—2016 年 5 年冬季浮游植物平均生物量为 0.420mg/L，在 0.311～0.611mg/L 之间变动（表 3.7）。其中，冬季浮游植物密度最大值出现在 2012 年，最小值出现在 2015 年，最大值是最小值的 1.96 倍。具体表现为 2012 年＞2016 年＞2013 年＞2014 年＞2015 年。

总体上，长江江苏段 2012—2016 年各年冬季浮游植物生物量呈先下降后上升的变化趋势，其中，省界点和栖霞点的转折点是 2014 年，扬州、江阴、南通的转折点是 2015 年。

3.2.4 浮游植物优势种

2012—2016 年 5 年冬季共检测到浮游植物优势种 5 门 26 种，其中，蓝藻门和绿藻门较多，绿藻门为 11 种，蓝藻门为 9 种；其余为硅藻门 3 种，隐藻门 2 种，黄藻门、裸藻门、金藻门各 1 种，具体见附录Ⅰ。

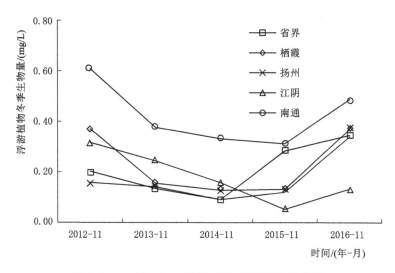

图 3.25　2012—2016 年各年冬季浮游植物生物量

3.2.5　浮游植物多样性指数

与夏季的研究思路相同，对 2012—2016 年冬季长江江苏段各采样点的浮游植物生物群落，同样地使用 Shannon - Wiener 多样性指数（H′）衡量其物种多样性，用 Margalef 丰富度指数（D）衡量其丰富度，用 Pielou 均匀度指数（J）衡量其物种分布的均匀程度。具体结果见表 3.8。

表 3.8　　　　　　　　　　2012—2016 年各年冬季浮游植物多样性指数

多样性指数	年份	省界	栖霞	扬州	江阴	南通
H′	2012	2.99	3.10	3.38	2.98	3.27
	2013	1.93	2.59	2.01	2.68	2.76
	2014	2.03	2.20	1.84	2.56	2.54
	2015	1.95	1.95	2.33	1.56	2.36
	2016	2.45	2.47	2.70	2.48	2.51
D	2012	4.35	3.24	4.58	3.58	3.53
	2013	2.34	2.63	2.10	1.62	1.66
	2014	1.34	0.94	1.44	1.34	1.11
	2015	1.18	1.26	1.26	1.32	1.41
	2016	1.31	1.15	1.30	1.17	1.68

续表

多样性指数	年份	省界	栖霞	扬州	江阴	南通
	2012	0.75	0.83	0.84	0.78	0.85
	2013	0.56	0.73	0.61	0.87	0.88
J	2014	0.71	0.88	0.64	0.90	0.94
	2015	0.70	0.69	0.82	0.54	0.79
	2016	0.85	0.89	0.93	0.89	0.79

对 2012—2016 年冬季 5 个采样点的三种多样性指数求平均值可知，H′ 的平均值为 2.47，变动范围为 1.56～3.38；D 的平均值为 1.95，变动范围为 0.94～4.58；J 的平均值为 0.79，变动范围为 0.54～0.94。

从各个采样点的年际变化来看（图 3.26），Shannon - Wiener 多样性指数整体上表现为先下降后上升的趋势。H′ 最小值出现在 2015 年冬季的江阴点，最大值出现在 2012 年冬季的扬州点，这与夏季的规律相同。

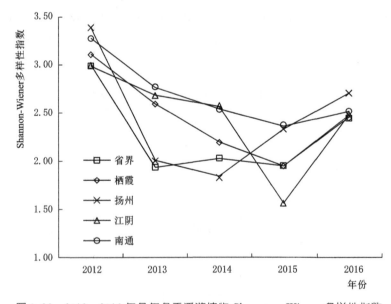

图 3.26　2012—2016 年各年冬季浮游植物 Shannon - Wiener 多样性指数

从各个采样点的年际变化来看（图 3.27），Margalef 丰富度指数整体上表现为下降趋势。D 最小值出现在 2014 年冬季的栖霞点，最大值出现在 2012 年冬季的扬州点。

从各个采样点的年际变化来看（图 3.28），Pielou 均匀度指数各采样点变化特点

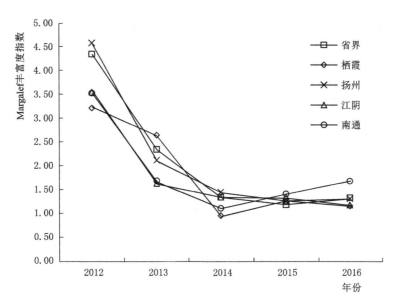

图 3.27　2012—2016 年各年冬季浮游植物 Margalef 丰富度指数

各有不同，但所有采样点 2014 年 Pielou 均匀度指数都高于 2013 年。其中栖霞点、省界点的趋势相同，呈 "W" 型变化，扬州点的趋势则表现为先下降后上升的特点，转折点为 2013 年，江阴点变化幅度最大，其 2015 年 Pielou 均匀度指数明显小于其他年份。

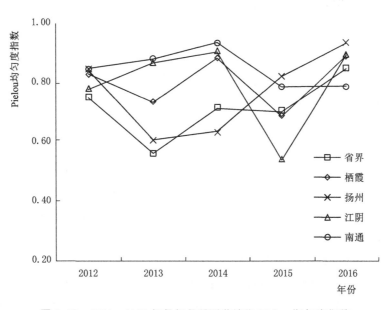

图 3.28　2012—2016 年各年冬季浮游植物 Pielou 均匀度指数

3.3 浮游植物群落结构时间变化分析与讨论

3.3.1 浮游植物群落结构年际变化讨论

对长江江苏段 2012—2016 年的调查,共检测出浮游植物 8 门 77 属 233 种。整体上看,2012—2016 年浮游植物种类数随年际变化有明显规律,呈逐渐下降趋势。长江江苏段浮游植物种类数在 82~177 种之间变动,其中,种类数最大值出现在 2012 年,共 144 种;最小值出现在 2016 年,共 48 种,2012—2013 年下降幅度最大。总体上硅藻和绿藻种类数占绝对优势,蓝藻次之。各年种类组成结构变化不大。长江江苏段 2012~2016 年浮游植物种类的调查结果与陈校辉 2004—2005 年的调查结果相一致,种类组成上均以硅绿藻为主,但种类上比陈校辉调查的浮游植物种类数少。

2012—2016 年,长江江苏段浮游植物平均密度为 45.55 万 cells/L,在 26.87 万~65.47 万 cells/L 之间变动,其中,浮游植物平均密度最大值出现在 2016 年,最小值出现在 2014 年,2012—2014 年浮游植物密度下降,2014—2016 年上升,整体上表现为先下降后上升的趋势。长江江苏段浮游植物平均生物量为 0.27mg/L,在 0.20~0.43mg/L 之间变动,其中,浮游植物平均生物量最大值出现在 2012 年,最小值出现在 2015 年,总体呈先下降后上升的趋势。从平均密度来看,蓝藻门占明显优势,其次是绿藻门和硅藻门,其他门类占比总和不超过 10%。从平均生物量上看,硅藻门占明显优势,其次依次是绿藻门、蓝藻门、裸藻门、隐藻门,金藻门、甲藻门、黄藻门占比少。这说明蓝藻门虽然数量多、密度大,但主要种类个体小,绝对优势尚不明显,还达不到蓝藻水华的爆发强度。

长江江苏段的优势种随时间交替变化,其中,给水颤藻、两棲席藻、双点席藻、浮游席藻、颗粒直链藻、小环藻每年都会出现,且出现频次高。这主要是因为蓝藻个体小、耐污能力强、繁殖速度快等,在合适的生境条件下会大量繁殖,占据优势地位。而给水颤藻等颤藻属以及双点席藻等席藻属作为蓝藻门中最长出现的藻属,能够在适宜的温度(一般为 25℃以上)、光照条件下迅速、大量繁殖,长时间占据优势地位。颗粒直链藻和小环藻是硅藻门中常见的优势种,他们对环境的适应能力很强,有研究显示,梅尼小环藻、微小环藻等藻类因其细胞微小能够在营养盐水平很低的情况下仍然长时间持续占据优势地位。

Shannon-Wiener 多样性指数的平均值为 2.47,变动范围为 1.56~3.38;Margalef 丰富度指数的平均值为 1.95,变动范围为 0.94~4.58;Pielou 均匀度指数的平均值为 0.79,变动范围为 0.54~0.94。由此可见,Shannon-Wiener 多样性指数和 Pielou 均匀度指数随时间变化幅度较小,变化较平缓,Margalef 丰富度指数则在年际间变化较剧烈。整体上，2012—2015年三种多样性指数呈下降趋势，指示长江江苏段在此时间段内浮游植物群落结构稳定性、物种丰富性、均匀性较差，2015—2016年三种指数有缓慢回升趋势，但依然不能达到近5年的平均水平，可见2015年的污染情况较为严重，对整个长江江苏段的浮游植物群落结构造成较大影响。

结合浮游植物种类组成、密度、生物量、优势种、多样性指数分析发现，长江江苏段这5年水质总体情况较好，但污染有逐渐加重的趋势。

3.3.2 浮游植物群落结构季节变化讨论

从浮游植物种类数变化上看，5年10次采样发现，长江江苏段浮游植物群落结构种类数受季节变动影响较大。5个采样点的结果均表现为浮游植物夏季物种数高于冬季。2012—2014年夏季物种明显多于冬季，2015—2016年则相对平稳。从浮游植物种类组成上看，长江江苏段夏季和冬季的种类组成相似。夏季、冬季均为硅藻门和绿藻门占优势，其他门类占比少。其中，硅藻门、蓝藻门及裸藻门的种类数与整体种类数季节变动情况一致，夏季物种数均高于冬季；隐藻门的种类数则相反，表现为冬季大于夏季；而绿藻门的种类数的变动与季节变化的关系则比较复杂；隐藻、甲藻的变化不明显，金藻种类数下降。

从浮游植物密度和生物量组成上看，各个采样点均为夏季高于冬季，表现出了高度的一致性。进一步而言，从浮游植物密度组成来看，无论是夏季还是冬季，蓝藻门占比均最高，其次是绿藻和硅藻，其他门类浮游植物占比少。在浮游植物八大门类中，季节间差异最大的是裸藻，其次是蓝藻、金藻、甲藻、黄藻、隐藻，而硅藻和绿藻较不易受季节影响。长江江苏段浮游植物平均生物量夏季高于冬季。进一步而言，无论是夏季还是冬季，硅藻门占比均最高。夏季浮游植物平均生物量硅藻>绿藻>蓝藻>裸藻>金藻>隐藻>甲藻>黄藻，冬季浮游植物平均生物量硅藻>隐藻>绿藻>裸藻>蓝藻>甲藻>金藻>黄藻。在浮游植物八大门类中，季节间差异最大的是金藻，其次是蓝藻、绿藻、黄藻、甲藻、隐藻，而硅藻和裸藻较不易受季节影响。

优势种也存在明显的季节变化规律。夏季以蓝藻门占优势，冬季以硅藻门和绿藻门占优势。夏季温度一般为25℃以上，是蓝藻门中颤藻属和席藻属繁殖的最佳温度。除了在全年均占据优势的给水颤藻、两棲席藻、双点席藻、浮游席藻、颗粒直链藻、小环藻外，夏季，铜绿微囊藻等微囊藻属和点形平裂藻、微小平裂藻等平裂藻属作为优势种出现；冬季，多形丝藻、近细微丝藻等丝藻属以及啮蚀隐藻等隐藻属作为优势种出现。这是因为隐藻具有兼性营养等特点，可以在不利的条件下形成一定的优势。Lewitus等研究发现，隐藻在低温和低光照条件下能够吸收外界有机物作为营养来源。同时，在冷水中隐藻比蓝绿藻更具竞争力。

长江江苏段浮游植物多样性指数季节变化表现为：Shannon - Wiener 指数和

Pielou 均匀度指数都表现为冬季高于夏季，而 Margalef 丰富度指数相反，表现为夏季高于冬季。Shannon - Wiener 多样性指数和 Pielou 均匀度指数冬季高于夏季主要是因为长江江苏段冬季径流量小于夏季，个体小、营浮游生长的浮游植物的密度会因河水的冲刷作用而受到一定的稀释。Margalef 丰富度指数夏季高于冬季，其原因为水温是影响浮游植物繁殖和生长的主要因子之一，水温上升会在一定程度上促使浮游植物种类和数量的增加，Margalef 丰富度指数便会在一定程度上升高。

3.4 浮游植物群落结构空间变化

3.4.1 浮游植物种类组成

各采样点 2012—2016 年各年夏季浮游植物种类组成的沿程变化见表 3.9。

表 3.9   2012—2016 年夏季浮游植物种类组成的沿程变化

时 间	省界	栖霞	扬州	江阴	南通
2012 年 7 月（夏）	57.00	77.00	71.00	55.00	62.00
2013 年 7 月（夏）	33.00	29.00	18.00	24.00	32.00
2014 年 7 月（夏）	25.00	39.00	22.00	19.00	17.00
2015 年 7 月（夏）	17.00	20.00	18.00	17.00	25.00
2016 年 7 月（夏）	12.00	25.00	22.00	15.00	24.00

2012 年夏季各采样点浮游植物种类数明显高于其他年份，但整体上各年份种类数沿程的变化趋势相似，呈"先上升后下降再上升"的趋势（图 3.29）。具体来说，2012 年夏季，从上游至下游浮游植物种类数表现为"先上升后下降再上升"的趋势，具体表现为栖霞＞扬州＞南通＞省界＞江阴。2013 年夏季，从上游至下游浮游植物种类数表现为"先下降后上升"的趋势，具体表现为省界＞南通＞栖霞＞江阴＞扬州。2014 年夏季，从上游到下游浮游植物种类数呈"先上升后下降"的趋势，具体表现为栖霞＞省界＞扬州＞江阴＞南通。2015 年夏季，从上游至下游浮游植物种类数表现为"先上升后下降再上升"的趋势，具体表现为南通＞栖霞＞扬州＞省界＝江阴。2016 年夏季，从上游至下游浮游植物种类数表现为"先上升后下降再上升"的趋势，具体表现为栖霞＞南通＞扬州＞江阴＞省界。

2012 年冬季各采样点浮游植物种类数明显高于其他年份，各年份浮游植物种类数沿程变化情况复杂。2014 年、2015 年和 2016 年变化趋势平缓，2013 年种类数大体呈下降趋势，2012 年波动幅度最大，具体表现为扬州＞省界＞南通＞江阴＞栖霞（表 3.10，图 3.30）。

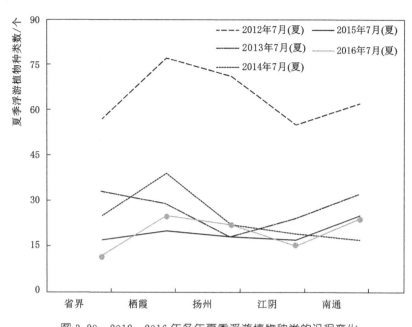

图 3.29　2012—2016 年各年夏季浮游植物种类的沿程变化

表 3.10　　　　　2012—2016 年冬季浮游植物种类组成的沿程变化

时　间	省界	栖霞	扬州	江阴	南通
2012 年 11 月（冬）	54.00	42.00	55.00	46.00	47.00
2013 年 11 月（冬）	30.00	34.00	26.00	22.00	23.00
2014 年 11 月（冬）	17.00	12.00	18.00	17.00	15.00
2015 年 11 月（冬）	16.00	17.00	17.00	18.00	20.00
2016 年 11 月（冬）	18.00	16.00	18.00	16.00	24.00

3.4.2　浮游植物密度和生物量

本研究根据 2012—2016 年长江江苏段各年（季节）浮游植物从上游省界点到下游南通点生物量和密度的变化情况，分析其空间分布规律。

2012 年全年 5 个采样点的浮游植物生物量和密度存在明显的沿程变化规律（图 3.31）。浮游植物密度从上游到下游表现为"先下降后上升"的趋势，生物量从上游到下游为"N"字形变化，生物量和密度的最大值都出现在下游南通点，最小值为中游扬州点。生物量和密度的最大值分别是最小值的 3.86 倍和 3.35 倍，江阴点到南通点密度和生物量陡升。

2012 年夏季 5 个采样点的浮游植物生物量和密度存在明显的沿程变化规律（图 3.32）。浮游植物密度从上游到下游表现为"先下降后上升"的趋势，生物量从上

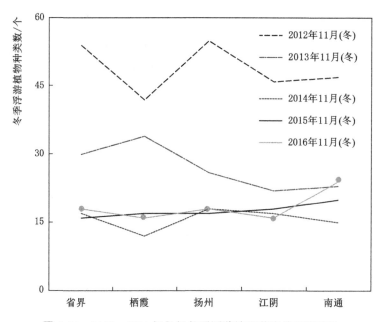

图 3.30　2012—2016 年各年冬季浮游植物种类的沿程变化

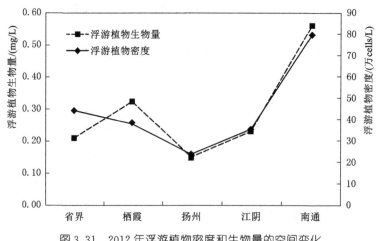

图 3.31　2012 年浮游植物密度和生物量的空间变化

游到下游表现为近似"N"字形变化，变化规律和 2012 年全年相似。生物量和密度的最大值都出现在下游南通点，最小值为中游扬州点。生物量和密度的最大值分别是最小值的 3.81 倍和 3.33 倍。此外，扬州点和江阴点生物量和密度相近，江阴点到南通点密度和生物量陡升。

2012 年冬季 5 个采样点的浮游植物生物量和密度存在明显的沿程变化规律（图 3.33）。浮游植物生物量和密度从上游至下游表现为"N"字形变化的趋势，生物量变化规律和 2012 年全年相似，但密度上栖霞点有所提高，这可能是因为这年冬天气温较低，大体积隐藻数量增多、优势凸显，而小体积的蓝藻数量减少，造成浮游植

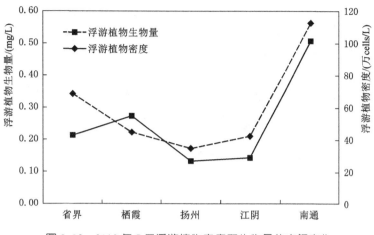

图 3.32　2012 年 7 月浮游植物密度和生物量的空间变化

物生物量提高。生物量和密度的最大值都出现在下游南通点，最小值为中游扬州点。
生物量和密度的最大值分别是最小值的 3.90 倍和 3.39 倍。此外，栖霞点生物量和密
度与江阴点相近，省界点和扬州点生物量和密度相近，扬州点到南通点密度和生物量
陡升。

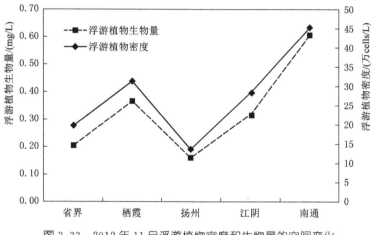

图 3.33　2012 年 11 月浮游植物密度和生物量的空间变化

　　2013 年全年 5 个采样点的浮游植物生物量和密度存在明显的沿程变化规律
（图 3.34）。浮游植物密度从上游到下游表现为"先下降后上升"的趋势，生物量从上
游到下游为"N"字形变化，生物量和密度的最大值都出现在下游南通点，最小值为
中游扬州点。生物量和密度的最大值分别是最小值的 5.19 倍和 6.01 倍。此外，省界
点与扬州点密度相近，生物量与江阴相近，扬州点到南通点密度和生物量陡升。

　　2013 年夏季 5 个采样点的浮游植物生物量和密度存在明显的沿程变化规律
（图 3.35）。浮游植物密度从上游到下游呈"先下降后上升"的趋势，生物量从上游到

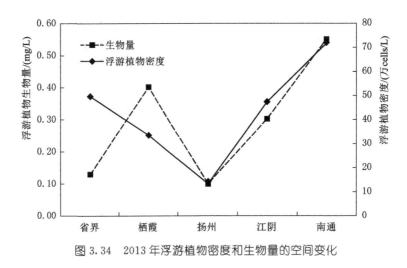

图 3.34　2013 年浮游植物密度和生物量的空间变化

下游呈近似"N"字形变化，变化规律和 2012 年全年相似。生物量和密度的最大值都出现在下游南通点，最小值为中游扬州点。生物量和密度的最大值分别是最小值的 16.70 倍和 20.63 倍。最大值和最小值间差距越来越大，这与该年夏季扬州点各个门类藻生物量、密度急剧下降有关。此外，省界点与扬州点密度相近，生物量与江阴相近，扬州点到南通点密度和生物量陡升。

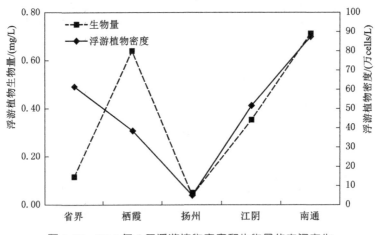

图 3.35　2013 年 7 月浮游植物密度和生物量的空间变化

2013 年冬季 5 个采样点的浮游植物生物量和密度存在明显的沿程变化规律（图 3.36）。浮游植物密度从上游到下游呈"先下降后上升"的趋势，生物量从上游到下游呈近似"N"字形变化。生物量变化规律与 2013 年全年较相似，但生物量上栖霞点有所降低，这可能是因为该年冬季小体积的蓝藻数量占绝对优势，造成浮游植物生物量降低。生物量和密度的最大值均出现在下游南通点，密度最小值为中游扬州点，而生物量最小值为省界点。生物量和密度的最大值分别是最小值的 2.84 倍和 2.40

倍。此外，省界点、栖霞点与扬州点生物量相近，栖霞点和扬州点密度相近，扬州点到南通点密度和生物量陡升。

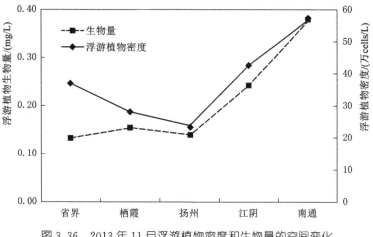

图 3.36 2013 年 11 月浮游植物密度和生物量的空间变化

2014 年全年 5 个采样点的浮游植物生物量和密度存在明显的沿程变化规律（图 3.37）。浮游植物密度从上游到下游表现为"先下降后上升"的趋势，生物量从上游到下游表现为近似"N"字形变化，生物量和密度的最大值都出现在下游南通点，生物量最小值为中游扬州点，密度最小值为江阴点。生物量和密度的最大值分别是最小值的 4.76 倍和 3.03 倍。此外，省界点到江阴点浮游植物密度呈线性下降且趋势较平缓，江阴点到南通点密度和生物量陡升。

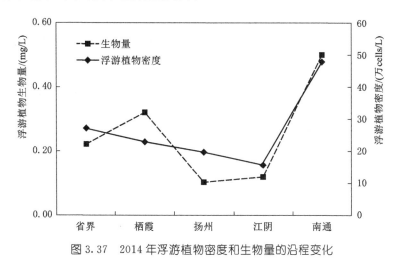

图 3.37 2014 年浮游植物密度和生物量的沿程变化

2014 年夏季 5 个采样点的浮游植物生物量和密度存在明显的沿程变化规律（图 3.38）。浮游植物密度从上游到下游表现为"先下降后上升"的趋势，生物量从上游到下游表现为近似"N"字形变化，变化规律和 2014 年全年相似。生物量和密度的最大值都出现在下游南通点，最小值为江阴点。生物量和密度的最大值分别是最小值的 7.47 倍和 4.00 倍。江阴点取代扬州点成为五个采样点中密度和生物量的最小值。

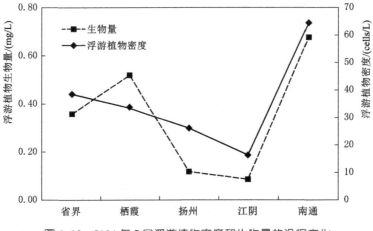

图 3.38　2014 年 7 月浮游植物密度和生物量的沿程变化

2014 年冬季 5 个采样点的浮游植物生物量和密度存在明显的沿程变化规律（图 3.39）。浮游植物密度从上游到下游表现为"先下降后上升"的趋势，生物量从上游到下游表现为近似"N"字形变化，变化规律和 2014 年全年较相似。但栖霞点到江阴点由夏季的线性下降变为线性上升，生物量上栖霞点有所降低，这可能是因为该年冬季绿藻急剧下降所致。生物量和密度的最大值都出现在下游南通点，密度最小值为栖霞点，而生物量最小值为扬州点。生物量和密度的最大值分别是最小值的 3.76 倍和 2.57 倍。此外，省界点、栖霞点、扬州点、江阴点生物量和密度相近，江阴点到南通点密度和生物量陡升。

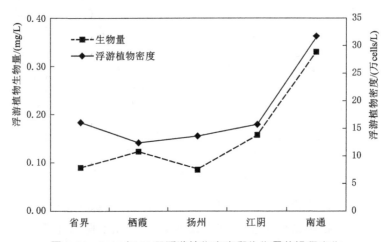

图 3.39　2014 年 11 月浮游植物密度和生物量的沿程变化

2015 年全年 5 个采样点的浮游植物生物量和密度存在明显的沿程变化规律（图 3.40）。浮游植物生物量和密度从上游至下游都表现为"上升"的趋势，生物量和密度的最大值都出现在下游南通点，最小值为中游扬州点。生物量和密度的最大值分别是最小值的 2.70 倍和 1.84 倍。此外，省界点到江阴点浮游植物密度和生物量变化趋势较平缓，江阴点到南通点密度和生物量陡升。

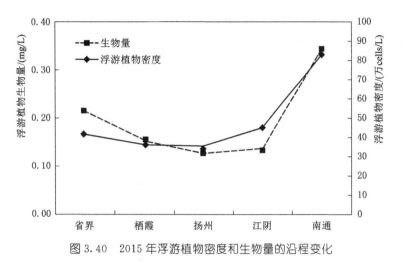

图 3.40 2015 年浮游植物密度和生物量的沿程变化

2015 年夏季 5 个采样点的浮游植物生物量和密度存在明显的沿程变化规律（图 3.41）。浮游植物生物量和密度从上游到下游都表现为"上升"的趋势，变化规律和 2015 年全年相似。生物量和密度的最大值都发生在下游南通点，最小值为中游扬州点。生物量和密度的最大值分别是最小值的 2.75 倍和 2.53 倍。此外，省界点到江阴点浮游植物密度和生物量变化趋势较平缓，江阴点到南通点密度和生物量陡升。

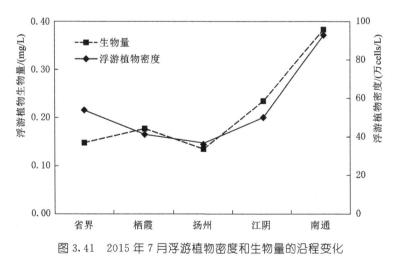

图 3.41 2015 年 7 月浮游植物密度和生物量的沿程变化

2015 年冬季 5 个采样点的浮游植物生物量和密度存在明显的沿程变化规律（图 3.42）。浮游植物密度从上游到下游表现为"上升"的趋势，生物量从上游到下游呈"先下降后上升"。冬季生物量沿程变化与夏季、全年略有不同。省界点生物量增大，江阴点则下降，这可能是因为该年省界点冬季硅藻、隐藻生物量增加，江阴点硅藻、绿藻生物量下降所致。生物量和密度的最大值都出现在下游南通点，密度最小值为省界点，而生物量最小值为江阴点。生物量和密度的最大值分别是最小值的 6.46 倍和 2.35 倍。此外，省界点、栖霞点、扬州点、江阴点密度相近，栖霞点、扬州点生物量相近。

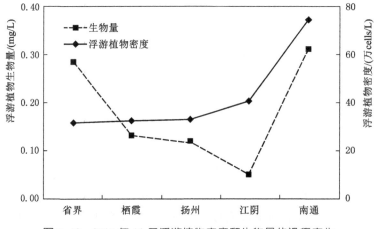

图 3.42　2015 年 11 月浮游植物密度和生物量的沿程变化

2016 年全年 5 个采样点的浮游植物生物量和密度存在明显的沿程变化规律（图 3.43）。浮游植物密度从上游到下游表现为"上升"的趋势，生物量为"先下降后上升"趋势。生物量和密度的最大值都发生在下游南通点，最小值为江阴点。生物量和密度的最大值分别是最小值的 2.81 倍和 1.65 倍。此外，省界点到江阴点浮游植物密度变化趋势较平缓，栖霞点到江阴点生物量陡降，江阴点到南通点生物量陡升。

2016 年夏季 5 个采样点的浮游植物生物量和密度存在明显的沿程变化规律（图 3.44）。浮游植物密度从上游到下游表现为"上升"的趋势，生物量为"先下降后上升"趋势，变化规律和 2016 年全年相似。其密度的最大值都发生在下游南通点，最小值为栖霞点，生物量最大值发生在栖霞点，最小值为江阴点。生物量和密度的最大值分别是最小值的 2.19 倍和 1.40 倍。

2016 年冬季 5 个采样点的浮游植物生物量和密度存在明显的沿程变化规律（图 3.45）。浮游植物密度从上游到下游表现为"上升"的趋势，生物量为"先下降后上升"趋势，变化规律和 2016 年全年相似。其生物量和密度的最大值都出现在下游南通点，最小值为江阴点。生物量和密度的最大值分别是最小值的 3.77 倍和 2.28 倍。

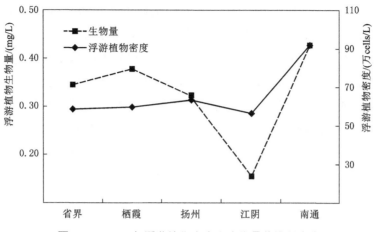

图 3.43　2016 年浮游植物密度和生物量的沿程变化

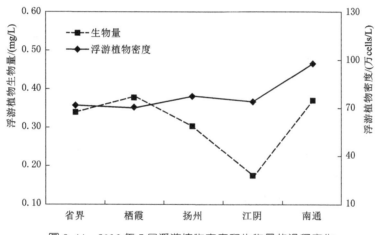

图 3.44　2016 年 7 月浮游植物密度和生物量的沿程变化

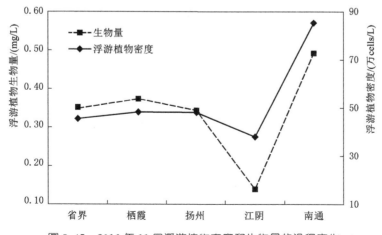

图 3.45　2016 年 11 月浮游植物密度和生物量的沿程变化

总体来看，2012—2016 年长江江苏段不同采样点之间的浮游植物密度差异显著。无论是年际间还是季节上，浮游植物密度最大值均出现在南通点，且最大值和最小值之间差异显著，从上游到下游总体上变化趋势为沿程先下降后上升。这可能是由于长江干流江苏段处于长江的下游河口区，复杂的地理气候和水质条件，形成适合浮游植物生长的生境条件，导致该片水域浮游植物物种数量大、种类丰富。而由于沿程的稀释作用，也使得浮游植物密度沿程降低。浮游植物密度在江阴点、南通点又有所提升，这是因为南通点处于入海口，有大量泥沙淤积，使得浮游植物在此地聚积，形成较大的密度，此研究结果和陈校辉 2004 年在长江江苏段的研究结果一致。

3.4.3 浮游植物优势种

长江江苏段 5 个采样点在空间上距离较远，不同采样点存在不同的生境特征，造成浮游植物优势种在空间上分布存在差异性。

由长江江苏段浮游植物优势种空间变化表可知（表 3.11），整体上 5 个采样点优势种组成相似，但不同季节各采样点间也存在差异。综合来看，5 个采样点各年均以蓝藻门中的席藻属、颤藻属为主，夏季以蓝藻门中的席藻属、颤藻属、平裂藻属、鱼腥藻属为主，冬季以小环藻属、直链藻属、丝藻属为主，还包括部分蓝藻门中席藻属和颤藻属。如 2012 年 7 月，长江江苏段 5 个采样点均出现两棲席藻优势种，但省界点优势种还包括微小平裂藻，栖霞点包括简式节旋藻，扬州点包括双点席藻，江阴点包括铜绿微囊藻，南通点包括亮绿色颤藻，各点之间既存在相同优势种又包含不同的优势种。5 年 10 次调查中，两棲席藻、浮游席藻、双点席藻等席藻属出现次数最多，共计 45 次，只有 2012 年冬季栖霞点、扬州点、江阴点、南通点没有出现，这说明长江江苏段的优势种主要为蓝藻门中的席藻属。

表 3.11   2012—2016 年浮游植物优势种空间变化

采样点		省界	栖霞	扬州	江阴	南通
2012	7 月	*Pd*、*Mm*	*Aj*、*Oi*、*Pd*	*Pd*、*Pg*	*Ma*、*Oi*、*Pd*	*Pd*、*Pg*、*Oc*
	12 月	*Aj*、*Oi*、*Pd*	*Mg*	*Cm*	*Cm*、*Sp*、*Uv*	*Cm*
2013	7 月	*Ma*、*Pd*、*Ca*	*Su*、*Oi*	*Pd*	*Pd*、*Uv*、*Cap*	*Mm*、*Pd*
	12 月	*Pp*、*Pd*	*Oa*、*Oi*、*Pp*	*Pd*、*Oa*	*Pd*、*Pp*	*Pd*
2014	7 月	*Ls*、*Sa*	*Cs*	*Oi*、*Pd*	*Pd*、*Af*、*Pp*	*AF*、*Cs*
	12 月	*Pp*、*Pd*	*Rs*、*Dp*、*Cm*	*Cm*	*Pp*、*Cm*、*Co*	*Pg*、*Uv*、*Cm*、*Mg*

续表

采样点		省界	栖霞	扬州	江阴	南通
2015	7月	Pp、Pd、Oi	Oi、Af、Pd	Pd、Pp、Oa、Ac	Ma、Pg、Pp	Pd、Oi、Mm、Af
	12月	Pp、Dp	Pg、Pp、Oi、Uv	Pp、Sm、Ct	Pp、Pd	Pp、Oa、Cmi
2016	7月	Oi、Pp、Pg	Pp、Mp、Pg、Us	Mp、Ao	Pg、Ob、Pp	Pp、Pd、Oi
	12月	Pp、Mgt、Oi、Pd	Pg、Pp、Us	Pg	Sq、Pp	Pp、Oi

注 Pd、Mm 等为优势种编码，见附录Ⅱ。

3.4.4 浮游植物多样性指数

长江江苏段浮游植物群落结构生物多样性指数空间变化规律不明显，具体详见表 3.12。

表 3.12　　　　　　　　　浮游植物群落结构生物多样性指数空间变化

时　　间		省界	栖霞	扬州	江阴	南通
H'	2012 夏	2.51	2.85	3.24	3.04	3.08
	2012 冬	2.99	3.10	3.38	2.98	3.27
	2013 夏	1.93	2.19	2.26	2.70	2.86
	2013 冬	1.93	2.59	2.01	2.68	2.76
	2014 夏	2.01	3.12	2.00	2.37	2.45
	2014 冬	2.03	2.20	1.84	2.56	2.54
	2015 夏	1.68	2.06	1.97	1.44	2.61
	2015 冬	1.95	1.95	2.33	1.56	2.36
	2016 夏	1.49	2.42	2.28	1.66	2.77
	2016 冬	2.45	2.47	2.70	2.48	2.51
时　　间		省界	栖霞	扬州	江阴	南通
D	2012 夏	4.17	5.84	5.50	4.17	4.38
	2012 冬	4.35	3.24	4.58	3.58	3.53
	2013 夏	2.40	2.17	1.59	1.75	2.26
	2013 冬	2.34	2.63	2.10	1.62	1.66
	2014 夏	1.87	2.99	1.68	1.50	1.20
	2014 冬	1.34	0.94	1.44	1.34	1.11
	2015 夏	1.21	1.47	1.33	1.22	1.75
	2015 冬	1.18	1.26	1.26	1.32	1.41
	2016 夏	0.82	1.78	1.55	1.04	1.67
	2016 冬	1.31	1.15	1.30	1.17	1.68

时　　间		省界	栖霞	扬州	江阴	南通
J	2012 夏	0.62	0.66	0.76	0.76	0.75
	2012 冬	0.75	0.83	0.84	0.78	0.85
	2013 夏	0.55	0.65	0.78	0.85	0.83
	2013 冬	0.56	0.73	0.61	0.87	0.88
	2014 夏	0.62	0.85	0.65	0.81	0.86
	2014 冬	0.71	0.88	0.64	0.90	0.94
	2015 夏	0.59	0.69	0.68	0.51	0.81
	2015 冬	0.70	0.69	0.82	0.54	0.79
	2016 夏	0.60	0.75	0.74	0.61	0.87
	2016 冬	0.85	0.89	0.93	0.89	0.79

注　H' 为 Shannon – Wiener 多样性指数，D 为 Margalef 丰富度指数，J 为 Pielou 均匀度指数。

浮游植物群落结构生物多样性指数水质评价结果见表 3.13。

表 3.13　　　　　　　　浮游植物群落结构生物多样性指数水质评价

时　　间		省界	栖霞	扬州	江阴	南通
H'	2012 夏	中污染	中污染	清洁	清洁	清洁
	2012 冬	中污染	清洁	清洁	中污染	清洁
	2013 夏	中污染	中污染	中污染	中污染	中污染
	2013 冬	中污染	中污染	中污染	中污染	中污染
	2014 夏	中污染	清洁	中污染	中污染	中污染
	2014 冬	中污染	中污染	中污染	中污染	中污染
	2015 夏	中污染	中污染	中污染	中污染	中污染
	2015 冬	中污染	中污染	中污染	中污染	中污染
	2016 夏	中污染	中污染	中污染	中污染	中污染
	2016 冬	中污染	中污染	中污染	中污染	中污染
时　　间		省界	栖霞	扬州	江阴	南通
D	2012 夏	清洁	清洁	清洁	清洁	清洁
	2012 冬	清洁	清洁	清洁	清洁	清洁
	2013 夏	β-中污染	β-中污染	a-中污染	a-中污染	β-中污染
	2013 冬	β-中污染	β-中污染	β-中污染	a-中污染	a-中污染
	2014 夏	a-中污染	β-中污染	a-中污染	a-中污染	a-中污染
	2014 冬	a-中污染	重污染	a-中污染	a-中污染	a-中污染
	2015 夏	a-中污染	a-中污染	a-中污染	a-中污染	a-中污染
	2015 冬	a-中污染	a-中污染	a-中污染	a-中污染	a-中污染
	2016 夏	重污染	a-中污染	a-中污染	a-中污染	a-中污染
	2016 冬	a-中污染	a-中污染	a-中污染	a-中污染	a-中污染

续表

时 间		省界	栖霞	扬州	江阴	南通
J	2012夏	轻污染	轻污染	轻污染	轻污染	轻污染
	2012冬	轻污染	无污染	无污染	轻污染	无污染
	2013夏	轻污染	轻污染	轻污染	无污染	无污染
	2013冬	轻污染	轻污染	轻污染	无污染	无污染
	2014夏	轻污染	无污染	轻污染	无污染	无污染
	2014冬	轻污染	无污染	轻污染	无污染	无污染
	2015夏	轻污染	轻污染	轻污染	轻污染	无污染
	2015冬	轻污染	轻污染	无污染	轻污染	轻污染
	2016夏	轻污染	轻污染	轻污染	轻污染	无污染
	2016冬	无污染	无污染	无污染	无污染	轻污染

注　H' 为 Shannon – Wiener 多样性指数，D 为 Margalef 丰富度指数，J 为 Pielou 均匀度指数。

从 Shannon – Wiener 多样性指数（H'）、Margalef 丰富度指数（D）和 Pielou 均匀度指数（J）三个多样性指数的统计表中可以看出，基于生物多样性的评价结果在空间上并没有明显的差异性（表3.13）。由于多样性指数是一个对采样数据进行概括性描述的指标，结合之前对浮游植物的密度、生物量、种类组成和优势种的分析结果，它们都从不同的角度出发对数据进行了高度的简化，因此这些评价指标有可能忽略掉一些细节的趋势结果。

3.4.5　依据功能群的浮游植物样方聚类分析

将长江江苏段浮游植物 50 个采样样方按照功能群进行划分，共划分为 22 个功能群（附录Ⅲ）。随后计算每个功能群的密度，根据密度对样方进行聚类分析。聚类结果如图 3.46 所示。

聚类的结果说明浮游植物群落结构样方存在显著的时间、空间和季节的差异性（图3.46）。自上而下分析聚类树可知：首先所有的采样样方被分为两组，第一组的样方大多采集于靠近南通的下游，第二组的样方大多采集于靠近省界的上游，说明浮游植物功能群分布存在明显的空间差异性。其次，靠近下游的第一组样方又分成三个小组，他们之间存在明显的季节差异。各小组均属于年份相近的聚类组成。这体现了功能群分布存在一定的季节和年际差异。这种差异在靠近上游的第二组样方的聚类结果中体现得更加明显。综上所述，浮游植物功能群的分布存在空间差异、季节差异和年际差异，并且空间差异＞季节差异＞年际差异。

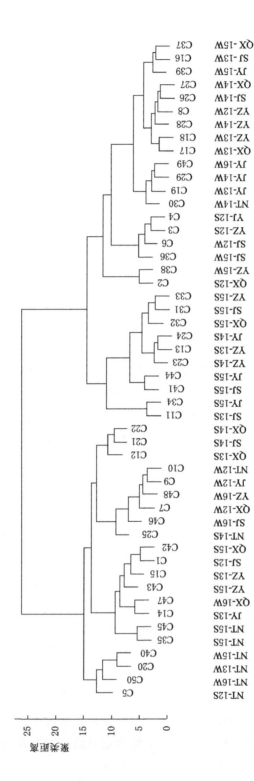

图 3.46 2012—2016 年浮游植物群落结构聚类分析

C1、C2、…、C50 为采样样方，对应的采样的地理和时间信息标注在其正下方。其中，SJ、QX、YZ、JY、NT 表示该采样方采样于省界、栖霞、扬州、江阴、南通；12、13、…、16 表示该采样方采样于 2012 年、2013 年、…、2016 年；W、S 表示该采样方采样于冬季、夏季

3.5　本章小结

本章主要对长江江苏段浮游植物群落结构基本特征随时间（年际和季节）和空间的变化进行分析。

（1）浮游植物群落结构季节变化规律明显。长江江苏段浮游植物种类数受季节变动影响较大，夏季物种数高于冬季。在浮游植物种类构成上，夏季和冬季相似，均为硅藻门和绿藻门占优势，其他门类占比少。浮游植物密度和生物量均为夏季高于冬季。无论是夏季还是冬季，密度上蓝藻门占比均最高，其次是绿藻和硅藻，其他门类浮游植物占比少。在浮游植物八大门类中，季节间差异最大的是裸藻，其次是蓝藻、金藻、甲藻、黄藻、隐藻，而硅藻和绿藻较不易受季节影响。生物量上无论是夏季还是冬季，硅藻门占比均最高，在浮游植物八大门类中，季节间差异最大的是金藻，其次是蓝藻、绿藻、黄藻、甲藻、隐藻，而硅藻和裸藻较不易受季节影响。2012—2016年的5年间，夏季共检测到浮游植物优势种5门26种，冬季共检测到浮游植物优势种5门26种。优势种有明显的季节变化规律，夏季以蓝藻门占优势，冬季以硅藻门和绿藻门占优势。长江江苏段浮游植物多样性指数有明显的季节变化，Shannon - Wiener多样性指数和Pielou均匀度指数都表现为冬季高于夏季，Margalef丰富度指数相反，表现为夏季高于冬季。

（2）浮游植物群落结构年际变化规律明显。经调查发现，2012—2016年长江江苏段共鉴定出浮游植物8门77属233种。浮游植物种类数随年际变化有明显规律，呈逐渐下降趋势。浮游植物密度和生物量总体呈先下降后上升的趋势。浮游植物密度最大值出现在2016年，最小值出现在2014年，2012—2014年浮游植物密度下降，2014—2016年上升。浮游植物生物量最大值出现在2012年，最小值出现在2015年，2012—2015年浮游植物生物量下降，2015—2016年上升。长江江苏段的优势种随时间交替变化，其中给水颤藻、两栖席藻、双点席藻、浮游席藻、颗粒直链藻、小环藻每年都会出现，且出现频次高。Shannon - Wiener多样性指数和Margalef丰富度指数整体上呈下降趋势。Pielou均匀度指数各采样点变化趋势有所不同，其中栖霞点、扬州点、南通点和江阴点的趋势相同，都表现为先上升后下降，省界点和扬州点则表现为两种完全不同的趋势，省界点为先下降后上升再下降，而扬州点则为先上升后下降再上升。

（3）从生物多样性指数的结果看，浮游植物群落结构空间变化规律不明显。经分析认为，这主要是因为多样性指数是一个对采样数据进行概括性描述的指标，它们都从不同的角度出发对数据进行了高度的简化，类似于水质等级对各个理化指标的高度概括。但从浮游植物的种类组成、密度、生物量和优势种的分析来看，还是存在较明显的空间差异，具体表现在：2012—2016年，总体上长江江苏段不同采样点之间的浮游植物生物量和密度差异明显。无论是年际间还是季节上，浮游植物密度最大值均出现在南通点，且最大值和最小值之间差异显著，从上游到下游总体上变化趋势为沿程先下降后上升。长江江苏段的优势种主要为蓝藻门中的席藻属，整体上5个采样点优势种组成相似，但不同季节各采样点间也存在差异。此外，对功能群的聚类分析结果也表明浮游植物功能群的分布存在空间差异、季节差异和年际差异，并且空间差异＞季节差异＞年际差异。

（4）综合分析可知，长江江苏段这5年水质总体情况较好，但污染有逐渐加重的趋势。

第4章

着生藻类群落结构时空变化分析

为了更加全面、深入研究长江江苏段的水域生态系统，研究人员于 2016 年 7 月、10 月、12 月以及 2017 年 4 月在各采样点又对着生藻类进行了调查。

4.1　着生藻类群落结构概况

2016 年 7 月（夏季）长江江苏段镜检到着生藻类 4 门 22 属 38 种，生物密度约为 69.75 万 cells/cm²，生物量约为 0.16mg/L。数量最多的是蓝藻门，4 属 6 种，密度约为 46.71 万 cells/cm²，占总密度的 66.97％，生物量约为 0.022mg/L，占总生物量的 13.94％。其次为硅藻门，13 属 25 种，密度约为 20.91 万 cells/cm²，占总密度的 29.97％，生物量约为 0.133mg/L，占总生物量的 83.28％。其余依次是绿藻门，4 属 6 种，密度约为 2.07 万 cells/cm²，占总密度的 2.96％，生物量约为 0.003mg/L，占总生物量的 1.63％；裸藻门，1 属 1 种，密度约为 0.07 万 cells/cm²，占总密度的 0.1％，生物量约为 0.002mg/L，占总生物量的 1.15％。

2016 年 10 月（秋季）长江江苏段镜检到着生藻类 5 门 23 属 46 种，密度约为 141.84 万 cells/cm²，生物量约为 0.6mg/L。数量最多的是蓝藻门，3 属 5 种，密度约为 107.65 万 cells/cm²，占总密度 75.9％，生物量约为 0.3mg/L，占总生物量的 49.65％。其次是硅藻门，12 属 30 种，密度约为 23.94 万 cells/cm²，占总密度的 16.88％，生物量约为 0.24mg/L，占总生物量 39.63％。其余依次是绿藻门，6 属 9 种，密度约为 10.15 万 cells/cm²，占总密度的 7.16％，生物量约为 0.05mg/L，占总生物量的 8.97％；隐藻门，1 属 1 种，密度约为 0.08 万 cells/cm²，占总密度的 0.06％，生物量约为 0.001mg/L，占总生物量的 0.18％；裸藻门，1 属 1 种，密度约为 0.02 万 cells/cm²，占总密度的 0.01％，生物量约为 0.01mg/L，占总生物量的 1.57％。

2016 年 12 月（冬季）长江江苏段镜检到着生藻类 4 门 14 属 26 种，密度约为 19.58 万 cells/cm²，生物量约为 0.07mg/L。数量最多的是蓝藻门，3 属 5 种，密度约为 16.46 万 cells/cm²，占总密度的 84.07％，生物量约为 0.05mg/L，占总生物量的 70.12％。其次是硅藻门，8 属 17 种，密度约为 1.76 万 cells/cm²，占总密度的 8.99％，生物量约为 0.02mg/L，占总生物量 26.96％。其余依次是绿藻门，2 属 3 种，密度约为 1.34 万 cells/cm²，占总密度的 6.84％，生物量约为 0.002mg/L，占总生物量的 2.26％；隐藻门，1 属 1 种，密度约为 0.02 万 cells/cm²，占全部种类数的 0.1％，生物量约为 0.001mg/L，占总生物量的 0.66％。

2017 年 4 月（春季）长江江苏段镜检到着生藻类 4 门 13 属 27 种，着生藻类密度约为 12.4 万 cells/cm²，生物量约为 0.07mg/L。数量最多的是蓝藻门，3 属 5 种，密度约为 10.44 万 cells/cm²，占总密度的 84.19％，生物量约为 0.03mg/L，占总生物量的 43.31%。其次是硅藻门，7 属 18 种，密度约为 1.24 万 cells/cm²，占总密度的 10%，生物量约为 0.01mg/L，占总生物量的 17.7%。其余依次是绿藻门，2 属 3 种，密度约为 0.71 万 cells/cm²，占总密度的 5.7%，生物量约为 0.01mg/L，占总生物量的 10.81%；甲藻门，1 属 1 种，密度约为 0.01 万 cells/cm²，占总密度的 0.11%，生物量约为 0.02mg/L，占总生物量的 28.17%。

4.2 着生藻类时间变化

4.2.1 种类组成季节变化

2016 年 7 月—2017 年 4 月 4 次采样发现，着生藻类种类数变化为秋夏高、冬春低，具体表现为冬季＜春季＜夏季＜秋季。四个季节着生藻类种类数在 26～46 种之间变动，冬季和春季较为接近。

从各季节种类组成上看，各季着生藻类种类组成结构变化不大，主要由硅藻、绿藻、蓝藻组成（表 4.1）。其中硅藻门占比最大，是构成长江江苏段着生藻类种类的最主要门类。且硅藻门季间变化幅度最大，具体表现为夏秋种类多，冬春种类少；绿藻门也是夏秋偏多，冬春偏少，蓝藻门则受季节影响变化不大。

表 4.1　　　　　　　　2016 年 7 月—2017 年 4 月着生藻类种类组成表

季节	总种数	蓝藻	绿藻	硅藻	隐藻	裸藻	甲藻	黄藻	金藻
夏季	38	6	6	25	0	1	0	0	0
秋季	46	5	9	30	1	1	0	0	0
冬季	26	5	3	17	1	0	0	0	0
春季	27	5	3	18	0	0	1	0	0

4.2.2 密度和生物量季节变化

2016 年 7 月—2017 年 4 月 4 次采样发现，着生藻类密度和生物量的变化均为秋夏高、冬春低，具体表现为春季＜冬季＜夏季＜秋季。其中，秋季密度值是春季的 11.44 倍，生物量是春季的 8.59 倍。

分析密度百分比图可知（图 4.1），蓝藻门在四个季节中的密度百分比均远超过其他门类，表现出其在长江江苏段着生藻类密度中的绝对优势地位。而长江江苏段四个季节调查到的蓝藻门种类数并不多且各个季节均较接近，这说明长江江苏段的生境条件较适合蓝藻门中的少部分种类生长，如包式颤藻、给水颤藻等颤藻属，浮游席藻、双点席藻等席藻属。

分析生物量百分比图可知（图 4.2），夏季以硅藻门为主，其次是蓝藻门和绿藻

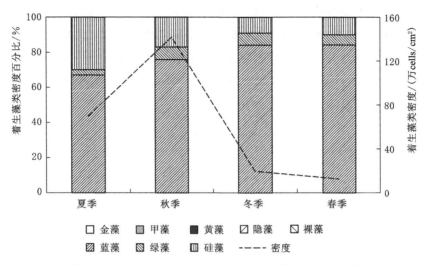

图 4.1　2016 年 7 月—2017 年 4 月着生藻类密度和百分比

门。秋季以蓝硅藻门为主，其次是绿藻门。冬季以蓝藻门为主，其次是绿藻门和隐藻门。春季蓝藻门、甲藻门、绿藻门、硅藻门四个门类分布较为均匀。夏季密度上蓝藻门占优，但生物量上硅藻门占优，这和该年夏季浮游植物的调查情况一致，说明长江江苏段的浮游植物和着生藻类的密度尚未达到蓝藻暴发的条件，夏季水域整体情况并没有恶化。

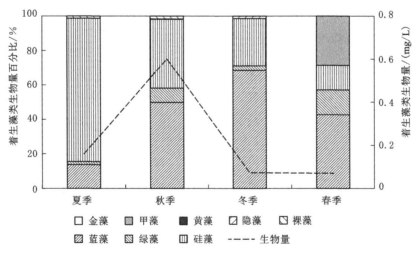

图 4.2　2016 年 7 月—2017 年 4 月着生藻类生物量和百分比

4.2.3　优势种季节变化

调查期间长江江苏段着生藻类优势种季节变化明显。

由优势种季节变化表可知（表 4.2），双点席藻、浮游席藻、短小舟形藻、简单舟形藻和线形舟形藻为夏季优势种，双点席藻、包式颤藻、浮游席藻、细齿菱形藻和多形丝藻为秋季优势种，给水颤藻、双点席藻和包式颤藻为冬季优势种，给水颤藻和包式颤藻为春季优势种。其中，浮游席藻在夏、秋两季均为优势种，给水颤藻在冬、春两季均为优势种，双点席藻在春、秋、冬三季均为优势种，包式颤藻在秋、冬、春三季均为优势种，同时夏季优势种还存在多种硅藻。

表 4.2　　　　　　　　　2016 年 7 月—2017 年 4 月着生藻类优势种

种	拉丁名	2016 夏	2016 秋	2016 冬	2017 春
给水颤藻	*Oscillatoria. irriguum*			√	√
双点席藻	*Phormidium. geminata*	√	√	√	
包式颤藻	*Oscillatoria. boryana*		√	√	√
浮游席藻	*Oscillatoria. agardhii*	√	√		
短小舟形藻	*Navicula. exigua*	√			
简单舟形藻	*Navicula. simples*	√			
线形舟形藻	*Navicula. graciloides*	√			
细齿菱形藻	*Nitzschia. denticula*		√		
多形丝藻	*Ulothrix. subtillissima*		√		

4.2.4　多样性指数季节变化

2016 年 7 月—2017 年 4 月夏、秋、冬、春四个季节长江江苏段各采样点着生藻类 Shannon - Wiener 多样性指数（H′）、Margalef 丰富度指数（D）及 Pielou 均匀度指数（J）随季节变化明显（图 4.3）。

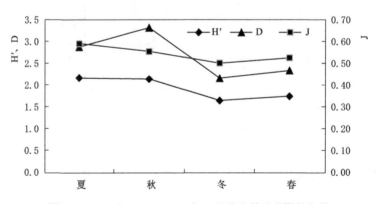

图 4.3　2016 年 7 月—2017 年 4 月着生藻类多样性指数

Shannon - Wiener 多样性指数（H′）、Margalef 丰富度指数（D）及 Pielou 均匀

度指数（J）随季节变化均表现为夏秋季高于冬春季，这是因为夏秋季温度适宜藻类繁殖，导致着生藻类群落种类多样性提高，长江江苏段夏秋季着生藻类群落结构更加复杂，群落稳定性和均匀性更好。

4.3 着生藻类空间变化

4.3.1 种类组成空间变化

2016 年 7 月—2017 年 4 月调查期间，长江江苏段着生藻类种类数如图 4.4 所示。

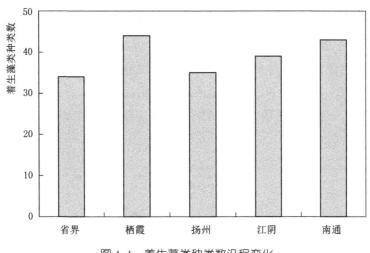

图 4.4 着生藻类种类数沿程变化

由图 4.4 可知，省界点和扬州点着生藻类种类数偏低，栖霞点和南通点偏高，总体而言，长江江苏段着生藻类种类数从上游到下游呈上升趋势。从着生藻类的分布区域看：省界段位于江苏省和安徽省交界处，附近居民少，水体受人为干扰影响小，因此，水体营养盐含量较低，导致着生藻类种类数不多。栖霞段周围环境较差，河岸堆积大量居民生活垃圾，对水体污染较严重，水体营养盐含量较高，导致着生藻类种类数增多。而南通段位于入海口，大量泥沙淤积，导致许多浮游植物在此处淤积，并固着在周围基质上，同时周围分布着许多工厂，水体营养盐含量较高，致使藻类种类组成较丰富。

4.3.2 密度和生物量空间变化

2016 年夏季，长江江苏段不同采样点着生藻类密度和生物量差异明显，如图 4.5 所示。

长江江苏段 2016 年夏季着生藻类密度沿程变化范围为 30.6 万～92.84 万 cells/cm^2，

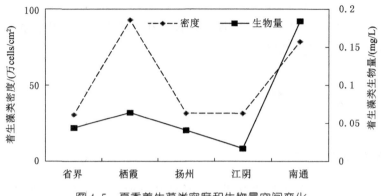

图 4.5　夏季着生藻类密度和生物量空间变化

平均值为 53.04 万 cells/cm²，其中密度最高为栖霞段，最低为省界段，最大值是最小值的 3.03 倍。其中省界段、扬州段、江阴段密度值相近，均处于较低水平，栖霞段、南通点相近，密度值处于较高水平。生物量沿程变化范围为 0.017～0.184mg/L，平均值为 0.070mg/L，其中南通段生物量最高、江阴段最低。

2016 年秋季，长江江苏段不同采样点位着生藻类密度和生物量差异明显，如图 4.6 所示。

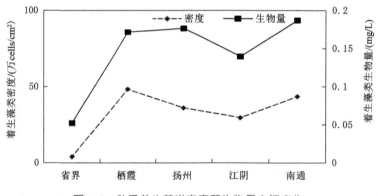

图 4.6　秋季着生藻类密度和生物量空间变化

长江江苏段 2016 年秋季着生藻类密度沿程变化范围为 4.04 万～48.4 万 cells/cm²，平均值为 32.33 万 cells/cm²，其中密度最高为栖霞段，最低为省界段，最大值是最小值的 11.98 倍。5 个采样断面的着生藻类密度表现为栖霞段＞南通段＞扬州段＞江阴段＞省界段。生物量沿程变化范围为 0.052～0.187mg/L，平均值为 0.145mg/L，其中南通段生物量最高、省界段最低。

2016 年冬季，长江江苏段不同采样点着生藻类密度和生物量差异明显，如图 4.7 所示。

长江江苏段 2016 年冬季着生藻类密度在 1.7 万～31.17 万 cells/cm² 之间变化，平均值为 10.85 万 cells/cm²，其中密度最高为扬州段，最低为省界段，最大值是最小

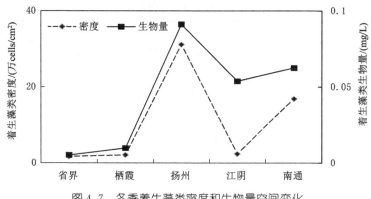

图 4.7　冬季着生藻类密度和生物量空间变化

值的 18.3 倍。5 个采样断面的着生藻类密度表现为扬州段＞南通段＞江阴段＞栖霞段＞省界段。生物量沿程变化范围为 0.005～0.091mg/L，平均值为 0.044mg/L，其中扬州段生物量最高、省界段最低。

　　2016 年春季，长江江苏段不同采样点着生藻类密度和生物量差异明显，如图 4.8 所示。

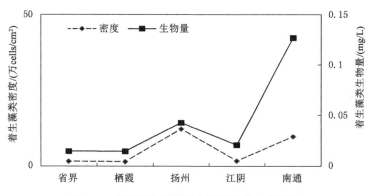

图 4.8　春季着生藻类密度和生物量空间变化

　　长江江苏段 2017 年春季着生藻类密度在 1.27 万～12.07 万 cells/cm² 之间变化，平均值为 5.16 万 cells/cm²，其中密度最高为扬州段，最低为栖霞段，最大值是最小值的 9.5 倍。5 个采样断面的着生藻类密度表现为扬州段＞南通段＞江阴段＞省界段＞栖霞段。生物量沿程变化范围为 0.014～0.127mg/L，平均值为 0.044mg/L，其中南通段生物量最高、栖霞段最低。

4.3.3　优势种空间变化

　　调查期间长江江苏段着生藻类优势种空间变化明显，着生藻类优势种空间变化见表 4.3。

表 4.3   着生藻类优势种空间变化

门	种	2016 年 7 月	2016 年 10 月	2016 年 12 月	2017 年 4 月
蓝藻门	给水颤藻	SJ、NT	QX、YZ、JY、NT	YZ、NT	YZ、NT
	包式颤藻		QX、JY、NT	YZ、NT	YZ、NT
	双点席藻	SJ、JY、NT	SJ、YZ、JY	NT	
	浮游席藻	QX、YZ、NT	SJ、QX、JY、NT		
	两栖席藻	NT			
	水华束丝藻		SJ		
	弯形小尖头藻	SJ			
绿藻门	四足十字藻		NT		
硅藻门	颗粒直链藻	QX、YZ			
	线形舟形藻	SJ、QX、YZ		QX、JY	
	简单舟形藻	YZ			
	短小舟形藻	YZ			
	卡里舟形藻				SJ
	隐头舟形藻				SJ、QX、JY
	线形菱形藻		YZ	QX	
	细齿菱形藻		YZ	QX	
	近线形菱形藻			SJ	
	谷皮菱形藻			SJ	
	两栖菱形藻				JY
	缢缩异极藻头状变种			JY	
	卵形藻				QX

注：字母组合 SJ、QX、YZ、JY、NT 分别表示省界、栖霞、扬州、江阴、南通。

分析着生藻类空间变化表可知（表 4.3），2016 年 7 月（夏季），优势种空间变化较明显，省界段和南通段优势种主要为蓝藻门，其中给水颤藻分布在省界段和南通段，双点席藻和浮游席藻几乎呈全区域分布，而两栖席藻只在南通段出现，弯形小尖头藻只在省界段出现；栖霞段和扬州段优势种主要为硅藻门。2016 年 10 月（秋季），优势种空间变化不明显，省界段、栖霞段、江阴段优势种主要为蓝藻门的给水颤藻、包式颤藻、双点席藻和浮游席藻，而扬州段的优势种为硅藻门中菱形藻属。2016 年 12 月（冬季），优势种空间变化明显，省界段和栖霞段优势种主要为硅藻门的菱形藻属，江阴段为舟形藻属和异极藻属，扬州段和南通段优势种则主要为蓝藻门的颤藻属。2017 年 4 月（春季），优势种空间变化较明显，省界段、栖霞段、江阴段优势种主要为硅藻门，其中省界段为舟形藻属，栖霞段为舟形藻属和卵形藻，江阴段为舟形藻属和菱形藻属，扬州段和南通段优势种则主要为蓝藻门的颤藻属。整体上，中上游优势种以硅藻门为主，中下游以蓝藻门为主。

4.3.4　多样性指数空间变化

调查期间长江江苏段各采样点着生藻类 Shannon－Wiener 多样性指数（H′）、Margalef 丰富度指数（D）及 Pielou 均匀度指数（J）随空间变化明显（图 4.9）。

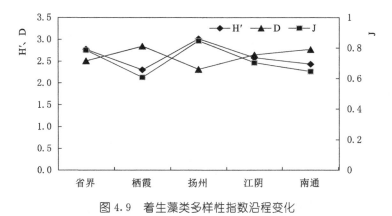

图 4.9　着生藻类多样性指数沿程变化

Shannon－Wiener 多样性指数（H′）和 Pielou 均匀度指数（J）随空间变化趋势一致，均表现为扬州＞省界＞江阴＞南通＞栖霞，说明长江江苏段扬州段和省界段着生藻类群落结构较复杂，群落稳定性和均匀性较好，而南通段和栖霞段则较差。

4.4　聚类分析

将长江江苏段着生藻类 20 个采样样方按照功能群进行划分（附录Ⅲ），共划分为 5 个功能群。随后计算每个功能群的密度，根据密度对样方进行聚类分析。

聚类结果说明着生藻类群落结构样方存在显著的季节和空间差异性（图 4.10）。自上而下分析聚类树可知：20 个样方首先大致分为三个大类，它们之间存在明显的季节差异，其中：D7、D10 这两个春季样本被单独归为一类（组 1），其他采样于冬季和春季的样本大致归为一类（组 2），剩下的采样于夏季和秋季的样本大致归为一类（组 3）。之后，除了 D1，组 2 又大致根据采样的空间分布位置分为 3 类，其中：靠近省界（SJ）的采样样方归为一类，靠近南通（NT）的样方归为一类，中游位置的样方归为一类。组 3 和组 2 类似，也表现为样方在空间上具有差异性。

4.5　本章小结

（1）长江江苏段着生藻类群落结构受季节变化影响较大。2016 年 7 月—2017 年 4

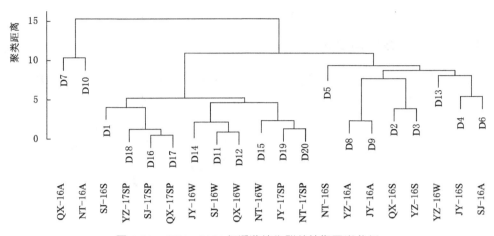

图 4.10　2012—2016 年浮游植物群落结构聚类分析

（D1、D2、…、D20 为采样样方，对应的采样的地理和时间信息标注在其正下方。其中，SJ、QX、YZ、JY、NT 表示该样方采样于省界、栖霞、扬州、江阴、南通；16、17 表示该样方采样于 2016 年、2017 年；S、A、W、SP 表示该样方采样于夏季、秋季、冬季、春季）

月调查期间，着生藻类种类数受季节变动影响较大。种类数变化为秋夏高、冬春低，具体表现为冬季＜春季＜夏季＜秋季。4 个季节着生藻类种类数在 26～46 种之间变动，冬季和春季较为接近。从种类组成上看，长江江苏段各季度着生藻类种类组成结构变化不大，主要由硅藻、绿藻、蓝藻组成。其中硅藻门占比最大，是构成长江江苏段着生藻类种类的最主要门类。且硅藻门季节间变化幅度最大，夏秋种类多，冬春种类少；绿藻门也是夏秋偏多，冬春偏少，蓝藻门则受季节影响变化不大。着生藻类密度和生物量的变化均为秋夏高、冬春低，具体表现为春季＜冬季＜夏季＜秋季。蓝藻门在 4 个季节中均占据长江江苏段着生藻类密度中的绝对优势地位。而长江江苏段 4 个季节调查到的蓝藻门种类数并不多且各个季节均较接近，这说明长江江苏段的生境条件较适合蓝藻门中的少部分种类生长，如包式颤藻、给水颤藻等颤藻属，浮游席藻、双点席藻等席藻属。夏季生物量以硅藻门为主，其次是蓝藻门和绿藻门；秋季以蓝硅藻门为主，其次是绿藻门；冬季以蓝藻门为主，其次是绿藻门和隐藻门；春季蓝藻门、甲藻门、绿藻门、硅藻门四个门类分布较为均匀。夏季密度上蓝藻门占优，但生物量上硅藻门占优，这和该年夏季浮游植物的调查情况一致，说明长江江苏段的浮游植物和着生藻类的密度尚未达到蓝藻暴发的条件，夏季水域整体情况并没有恶化。优势种有明显的季节变化规律。其中蓝藻门中席藻属和颤藻属在全年均为优势种，此外，夏季和秋季的优势种较冬春季要丰富，夏季有短小舟形藻等舟形藻属的优势种，秋季优势种还包括细齿菱形藻和多形丝藻。长江江苏段着生藻类多样性指数季节变化表现为：Shannon-Wiener 多样性指数、Margalef 丰富度指数及 Pielou 均匀度指数随季节变化均表现为夏秋季高于冬春季，这是因为夏秋季温度适宜藻类繁殖，导致着生藻类群落种类多样性提高，指示长江江苏段夏秋季着生藻类群落结构更加复杂，群落稳定性和均匀性更好。

（2）长江江苏段从上游到下游各采样点着生藻类种类数变化表现为：省界点和扬州点着生藻类种类数偏低，栖霞点和南通点偏高，总体而言，长江江苏段着生藻类种类数从上游到下游呈上升趋势。长江江苏段不同采样点着生藻类密度和生物量差异明显，南通点、栖霞点和扬州点较高，江阴点和省界点较低。整体上看，南通点和栖霞点着生藻类优势种空间变化较明显，总体上中上游优势种以硅藻门为主，中下游以蓝藻门为主。着生藻类多样性指数随空间变化趋势一致，Shannon - Wiener 多样性指数和 Pielou 均匀度指数均表现为扬州＞省界＞江阴＞南通＞栖霞，说明长江江苏段扬州段和省界段着生藻类群落结构较复杂，群落稳定性和均匀性较好，而南通段和栖霞段则较差。这和南通段的地理位置以及周边环境有关，南通段位于入海口附近，该区域泥沙含量高，导致许多浮游植物（如蓝藻门中的颤藻属和席藻属）在此处淤积，并固着在周围基质上，同时周围分布着许多工厂，水体营养盐含量较高，致使着生藻类大量生长，蓝藻门占绝对优势。此外，聚类的结果也说明着生藻类群落结构样方存在显著的季节和空间差异性。

第5章

浮游植物、着生藻类群落结构与环境因子的关系

浮游植物、着生藻类的时空分布会受到水温（WT）、光照、叶绿素 a（Chl-a）、总氮（TN）、总磷（TP）、氨氮（NH_3-N）、高锰酸盐指数（COD_{Mn}）和正磷酸盐（$PO_4^{3-}-P$）等环境因子的影响。本章首先对 2012—2016 年对应采样点和采样时段的水体理化数据进行了分析和描述，其次结合浮游植物和着生藻的时空分布探讨了生物因子和环境因子的影响机制和响应规律。

5.1 环境因子

本章选取了与浮游植物和着生藻同一采样时段内相同地点的水质、气候和空间位置三个方面的 10 个特征量作为环境因子。选取氨氮（NH_3-N）、溶氧（DO）、pH、总氮（TN）、总磷（TP）、叶绿素 a（Chl-a）、正磷酸盐（$PO_4^{3-}-P$）、高锰酸盐指数（COD_{Mn}）8 个水体理化数据作为水质指标。选取水温（WT）作为气候的季节更替对水体最主要的影响因素。选取距离上游安徽、江苏两省分界点的距离（Das）刻画采样样方的空间位置信息。

5.1.1 理化指标的 Pearson 相关分析

环境因子中的理化指标指示了水质。水质不仅是影响水生生物的主要环境因素之一，还关乎人们的生产和生活，其一直是研究的热点和关注的重点。本研究整理了 2012—2016 年间长江江苏段内不同点位的 8 个理化指标，绘制了 Pearson 相关系数矩阵图，如图 5.1 所示。图 5.1 的右上部分展示了理化指标两两之间的相关系数和线性相关程度，负相关系数表示负相关，正相关系数表示正相关；中间对角线是统计直方图，展示了各个理化指标的数据分布；左下部分则给出了两两理化指标之间的回归关系曲线。

由图 5.1 可知，在长江江苏段不同采样点的 2012—2016 年的水质理化数据中，TP 和 Chl-a、TP 和 $PO_4^{3-}-P$ 呈现高度的正相关，相关系数分别为 0.498（$P<0.001$）、0.538（$P<0.001$）。NH_3-N 和 pH、DO 和 Chl-a 呈现高度的负相关，相关系数分别为 -0.492（$P<0.001$）、-0.671（$P<0.001$）。这种理化因子间的高度相关性一部分是由理化指标之间的理化特性决定的，另一部分则反映了特定区域特定环境条件下的水质特征。例如，TP 和 $PO_4^{3-}-P$ 之间的高度正相关是因为 TP 和 $PO_4^{3-}-P$ 之间存在一定的包含关系；而 Chl-a 和 TP、NH_3-N 和 pH、DO 和 Chl-a 之间的关系则可以被认为是长江江苏段这一时期特定的水环境特征。

5.1.2 环境因子的聚类分析

环境因子往往存在一定的时间、空间、季节性的差异。为了探究 2012—2016 年

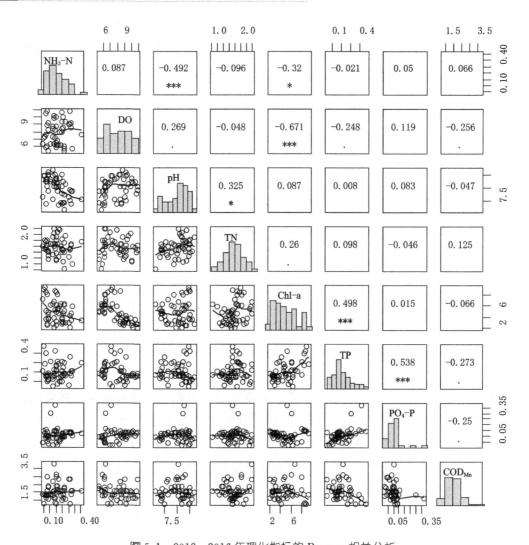

图 5.1　2012—2016 年理化指标的 Pearson 相关分析

（"＊＊＊"表示 $0 < P < 0.001$；"＊＊"表示 $0.001 < P < 0.01$；"＊"表示 $0.01 < P < 0.05$；"."表示 $0.05 < P < 0.1$）

长江江苏段理化指标时间、空间和季节的差异，将理化因子结合采样样方的水温（SW）和以省界为起点的距离（Das）两个变量，对环境因子进行聚类分析。对归一化后的变量矩阵采用 Ward 法进行处理，如图 5.2 所示。

聚类的结果说明环境因子存在显著的时间、空间和季节的差异性（图 5.2）。自下而上分析聚类树可知：50 个样方首先按照采样年份聚集成小组，说明环境因子存在年际差异；随后他们按照空间位置聚合成较大的分组，表现为大部分的省界（SJ）、栖霞（QX）采样样方归为一类，大部分的南通（NT）、江阴（JY）采样样方为另一类，说明环境因子存在明显的沿程差异；之后所有的冬季采样点聚集为一类，所有的夏季采样点为另一类，说明环境因子存在显著的季节差异。因此，2012—2016 年长江江苏

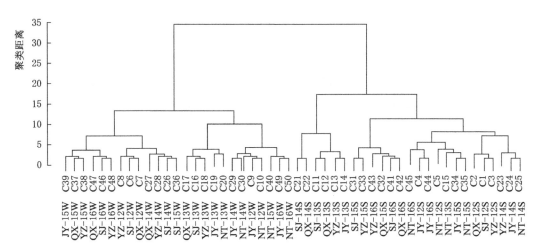

图 5.2　2012—2016 年环境因子聚类分析

（C1、C2、⋯、C50 为采样样方，对应的采样的地理和时间信息标注在其正下方。其中，SJ、QX、YZ、JY、NT 表示该样方采样于省界、栖霞、扬州、江阴、南通；12、13、⋯、16 表示该样方采样于2012 年、2013 年、⋯、2016 年；W、S 表示该样方采样于冬季、夏季）

段水环境因子存在年际、沿程和季节上的差异性，并且环境因子的季节差异＞沿程差异＞年际差异。

5.1.3　环境因子的 PCA 分析

环境因子的聚类分析表明，理化指标存在明显的季节差异和沿程差异，因此，水温（SW）和以省界为起点的距离（Das）是两个重要的环境因子补充变量。结合 8 个理化指标，一共 10 个环境因子进行主成分分析。从 PCA 的特征根（Eigenvalue）结果看（图 5.3），前 4 轴 PC1、PC2、PC3、PC4 的特征根高于平均的特征根（Average eigenvalue）。其中，第一主轴 PC1 能解释 28.77％的变差，第二主轴 PC2 能解释 18.10％的变差，第三主轴 PC3 能解释 16.33％的变差，第四主轴能解释 15.04％的变差。主轴对变差的解释程度依次降低，其中第一、第二主轴 PC1 和 PC2 一共能解释 46.87％的变差。由于双轴图能比较直观和便利地展示各个变量之间的关系，因此本研究选择 PC1 和 PC2 这两个主轴绘制排序图，表达各个变量之间的关系。

排序图能够同时展示样方和变量，因此又称为"双序图"（biplot）。由于没有同时可视化样方和变量的最优化方法。一般有两种标尺模式，即 PCA-1 型标尺和 PCA-2 型标尺。不同模式的排序图关注点不同，其中 PCA-1 型标尺（Scaling-1）又称为距离双序图。特征向量被标准化为单位长度，关注的是样方之间的关系。双序图中样方之间的距离近似于多维空间中的欧氏距离，而代表变量的箭头之间的角度没有意义。

PCA-1 型标尺双序图中（图 5.4），圆圈又称平衡贡献圆，其半径等于 $\sqrt{d/p}$，

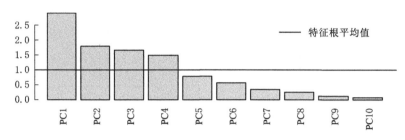

图 5.3 评估具有解读价值的 PCA 轴的 Kaiser - Guttman 准则

其中 d 表示双序轴的轴数量，通常 d 值取 2，p 则表示 PCA 的维度，也就是指变量的个数。平衡贡献圆的半径表示变量的向量长度对排序的平均贡献率，若变量的箭头长度超出圆圈的范围，则表示此变量对排序空间的贡献大于所有变量的平均贡献。

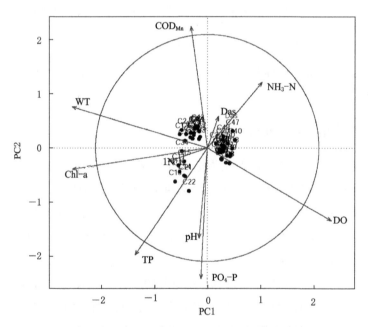

图 5.4 环境因子的 PCA - 1 型标尺双序图

本次 1 型标尺双序图中，采样点从左到右具有明显的变化梯度。组合聚类分析和排序能使结果更加直观。结合图 5.5 可以看出，50 个样方大致可分为 3 组：C11～C14、C21、C22（图 5.5 中三角形）可以归为第一组，这些样方明显位于 TN 和 TP 含量高、NH_3 - N 含量低、靠近省界段的上游区域，且主要分布在水温较高的夏季；C1～C5、C23～C25、C31～C35、C41～C45 可以归为第二组（图 5.5 中正方形），可以看出，第二组位于水温高、中下游区域，其主要特征是 COD_{Mn} 含量高、DO 低，有机污染较严重；C16～C20、C26～C30、C36～C40、C46～C50 归为第三组（图 5.5 中菱形），这些样方位于冬季水温较低的中下游地区，主要特征是 DO、NH_3 - N 含量高，Chl-a 和 TP、TN 含量较低。

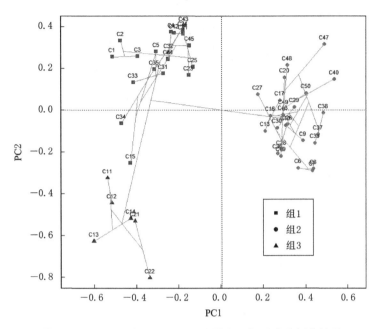

图 5.5　环境因子的 PCA-1 双序图中添加聚类分析的结果

PCA-2 型标尺（Scaling-2）又称为相关双序图。每个特征向量被标准化为特征根的平方根，关注的是变量之间的关系。双序图中对象之间的距离不再近似于多维空间内的欧氏距离，但代表变量箭头之间的夹角反映变量之间的相关性。

从环境因子的 PCA-2 型标尺双序图中可以看出（图 5.6），水温和距离无明显关系，这也符合水温和空间位置在长江江苏段这个小尺度内应该独立的规律。另外，由图 5.6 可知，水温高的夏季，Chl-a 和 TN、TP、COD$_{Mn}$ 含量高，NH$_3$-N、DO 含量低，PO$_4^{3-}$-P、pH 则几乎不受水温的影响；水温低的冬季，则相反，这可能是因为 TN、TP 含量较高的环境下，藻类易于生长，数量较多，导致了 Chl-a 含量较高而 DO 含量较低。离省界段远的下游区域，COD$_{Mn}$、NH$_3$-N 含量高，Chl-a 和 TN、TP、PO$_4^{3-}$-P 含量低，上游区域则相反，而 DO 则几乎不受空间位置的影响，说明环境因子沿程存在一定的差异性。

5.2　浮游植物和环境因子的关系

本研究在用冗余分析方法探究长江江苏段浮游植物群落结构和环境因子之间的相互影响关系前，为了简化工作量，首先通过 FG 法将众多不同种类的浮游植物划分成不同的功能群（功能群划分方式详见附录Ⅲ），然后再分析不同功能群的群落结构和环境因子之间的相互关系。

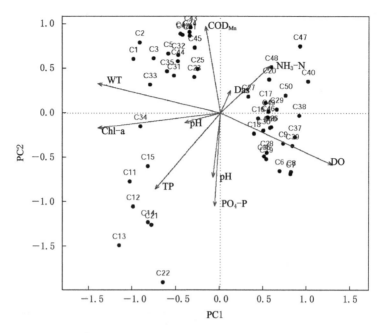

图 5.6　环境因子的 PCA - 2 型标尺双序图

5.2.1　浮游植物功能群和环境因子的完整 RDA 模型

RDA 排序图又称三序图（Triplot），能同时展示样方、响应变量（功能群）和解释变量（环境因子）三者之间的关系。它有两种标尺形式：RDA1 型标尺和 RDA2 型标尺。在两种标尺的 RDA 排序图内，样方和响应变量的解读同 PCA。此外，RDA1 型标尺三序图中，样方点垂直投影到响应变量或定量解释变量的箭头或延长线上，投影点近似于该样方内响应变量或解释变量的数值沿着变量的位置，同时响应变量和解释变量箭头之间的夹角反映它们之间的相关性，但此处响应变量之间的夹角不表示相关关系。RDA2 型标尺三序图同 1 型标尺三序图，但响应变量之间和解释变量之间也可以通过夹角解读它们的相关关系。

从 RDA 三序图中可以看出（图 5.7），长江江苏段的环境因子对浮游植物功能群会产生的影响如下：功能群 W1 主要由裸藻门种类组成，对 TP、PO_4^{3-} - P、TN、Chl - a、WT 展现出较好的正相关关系，与 NH_3 - N 具有明显的负相关关系，而与空间位置 Das、DO 无明显关系，这与裸藻的生长习性有关，其生长范围广泛，适宜生存的温度范围较广，生长横跨春、夏、秋三个季节，尤以 6—9 月生长最旺盛。功能群 J 代表的是丝藻、栅藻、空星藻等绿藻门藻类，其对 PO_4^{3-} - P、TN、pH、DO 展现出较好的正相关关系，与 NH_3 - N 具有明显的负相关关系，说明此类功能群的生长会受到 NH_3 - N 的抑制作用。第二象限内的功能群 M、L0、H1、MP 对 WT、Chl - a、COD_{Mn} 展现出较好的正相关关系，与 Das、DO、pH 有较高的负相关关系，这里，M 代

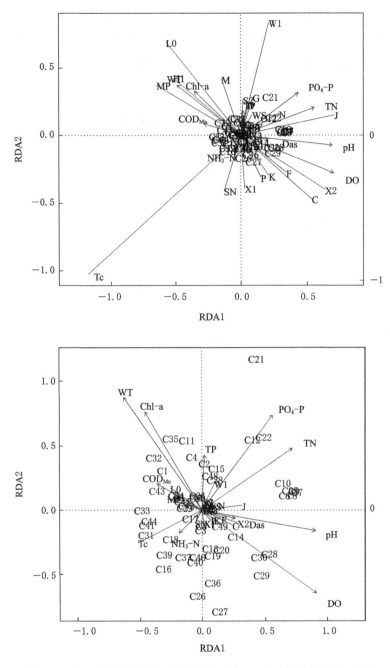

图 5.7 环境因子和浮游植物功能群的 RDA－1、RDA－2 型标尺三序图

表微囊藻属，L0 代表色球藻、平裂藻等蓝藻门种类，H1 代表鱼腥藻属和束丝藻属，MP 代表颤藻属、脆杆藻属、舟形藻属等，较高的水温和营养盐适宜这些功能群的生长。以席藻属为代表的功能群 Tc 对 NH_3－N 展现出较高的正相关性，对 PO_4^{3-}－P、TN 展现出较高的负相关关系，说明 Tc 的生长受 PO_4^{3-}－P、TN 的抑制。第四象限内

的功能群 X_2、C 和 F 对 Das、DO、pH 展现出较高的正相关关系，对 WT、Chl-a、COD_{Mn} 则展现出较高的负相关关系，X_2 代表的是衣藻属、隐藻属，这与隐藻在低温条件下可以吸收外界有机物来补充自身生长营养需要有关；同时，也与在冷水中隐藻比蓝绿藻更具竞争力的特征有关。

5.2.2　浮游植物功能群和环境因子的简化 RDA 模型

本研究通过前向变量选择的多元回归变量筛选模式，削减解释变量的数量，减少因变量之间的共线性关系导致的回归系数不稳定的问题，寻找对长江江苏段浮游植物群落结构影响最大的环境因子。最终选出的最好的解释变量也就是能够解释总方差比例最大的变量以及在置换检验中最显著的变量。

简化结果表明（表 5.1），最简化的 RDA 模型只包含 DO、TN、PO_4^{3-}-P 和 pH 四个环境变量。简化后的 RDA 模型仅用四个环境变量就可以解释原模型相同的变差，简化结果很理想，也说明减少解释变量可以提高模型的质量。简化后，DO、TN、PO_4^{3-}-P 和 pH 四个环境变量的膨胀系数（VIF 值）分别为 1.112、1.148、1.021、1.236，均小于 10，表明变量之间几乎不存在共线性问题。

表 5.1　　　　　　　　　简化 RDA 模型置换检验分析结果

主轴序号	自由度	方差	F 统计量	Pr（>F）	显著性水平
RDA1	1	0.0601	11.357	0.001	***
RDA2	1	0.0146	2.7684	0.035	*
RDA3	1	0.0072	1.3676	0.394	
RDA4	1	0.0049	0.9314	0.476	

此外，考虑到生态学数据普遍是非正态分布，传统的参数检验往往不适合运用到生态学领域，而置换检验对典范轴的取舍能够获得很好的结果，因此本书采用置换检验对 RDA 结果进行处理。通过将浮游植物功能群矩阵内样方编号随机置换，并保持环境因子样方编号不变，打破两者之间的关系，获得零假设 H_0（RDA 轴对响应变量和解释变量之间的关系不具有解释价值）发生的概率。分析置换检验结果，第一典范轴和第二典范轴的显著性水平很高，分别为 0.001（$P \leqslant 0.001$）和 0.035（$P < 0.05$），拒绝了零假设。因此，我们选择了第一和第二典范轴，简化后排序结果如图 5.8 所示。

通过观察简化的 RDA 模型可以更清晰地发现，浮游植物功能群和 DO、TN、PO_4^{3-}-P 以及 pH 四个环境变量之间存在明显的关系（图 5.8）。功能群 Tc 的生长易受 PO_4^{3-}-P、TN 的抑制，功能群 L0 和 MP 受 pH、DO 的限制，功能群 X_2、C 更适宜生活在 DO 高的偏碱性水域，功能群 W1、J 作为典型的耐污物种，多分布在 TN、PO_4^{3-}-P 含量较高的区域、污染较严重的夏季栖霞段和南通段。

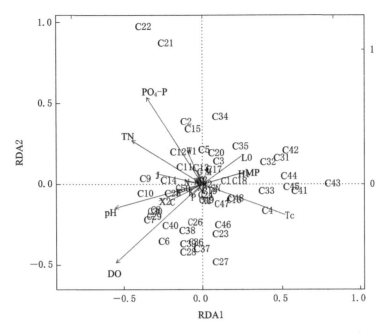

图 5.8　环境因子和浮游植物功能群的简化 RDA 模型三序图

5.3　着生藻类和环境因子的关系

5.3.1　着生藻类功能群和环境因子的完整 RDA 模型

分析着生藻类功能群和环境因子的 RDA 三序图易发现（图 5.9），第一象限内的功能群 H1 对 TP、NH_3 - N、COD_{Mn} 展现出较高的正相关性，对 PO_4^{3-} - P 展现出较高的负相关性。第二象限内的功能群 D 和 K 分别代表菱形藻属、针杆藻属等硅藻门种类和小球藻属，它们与 COD_{Mn}、pH、NH_3 - N、DO 有较高的正相关关系，与 Das、Chl - a、WT 有较高的负相关性，与 TP 无明显关系。第三象限内的功能群 MP 和 P 对 PO_4^{3-} - P、TN 展现出较高的正相关关系，对 TP、NH_3 - N 展现出较高的负相关关系。而第四象限内的功能群 Tc 对 TP、NH_3 - N、WT 展现出较高的正相关关系，对 PO_4^{3-} - P 展现出较高的负相关关系，这与浮游植物情况一致。

5.3.2　着生藻类功能群和环境因子的简化 RDA 模型

简化模型计算得到一个最简化的环境变量 WT。模型经过置换检验得到的显著性水平为 $P = 0.002$（$P < 0.01$），说明生物因子和环境因子显著相关，简化后的 RDA 模型仅用一个环境变量就可以解释原模型相同的变差，简化后 WT 的膨胀系数（VIF 值）为 1.000，简化结果很理想。简化后排序结果如图 5.10 所示。

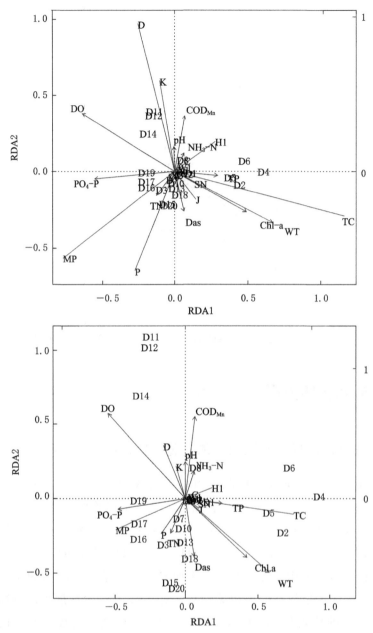

图 5.9　环境因子和着生藻类功能群的 RDA-1，RDA-2 型标尺三序图

通过观察简化的 RDA 模型可以更清晰地发现，着生藻类功能群和 WT 之间存在明显的关系（图 5.10）。功能群 SN、Tc、P、H1 对 WT 展现出较高的正相关关系，功能群 K、D、MP 对 WT 展现出较高的负相关关系。一方面，这个结果说明着生藻类功能群本身受水温影响最显著；另一方面，通过前面对理化指标的 PCA 分析，发现环境因子中的一些理化指标对水温展现出较高的相关性。因此，着生藻类功能群在不同水温条件下的差异性（即季节性的差异）也可能背后存在理化指标

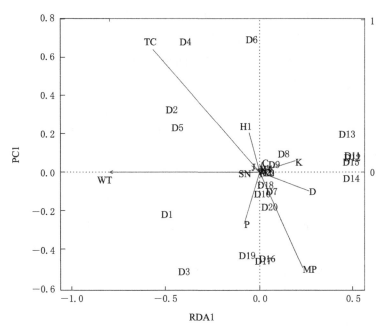

图 5.10　环境因子和着生藻类功能群的简化 RDA 模型三序图

差异性的贡献。同时，结合全模型的分析结果，可以发现这些相关的理化指标是 DO、TP、TN、COD_{Mn}，其中，DO 和水温呈显著负相关，TP、TN、COD_{Mn} 呈正相关关系。这也说明了着生藻类功能群受到诸多环境因子的影响，与浮游植物功能群的结果类似。

5.4　本章小结

　　本章借助一些统计分析方法旨在探究长江江苏段浮游植物、着生藻类群落结构和环境因子的关系。

　　（1）环境因子存在显著的时间、空间和季节的差异性，且环境因子之间存在显著的相关关系。首先通过 Pearson 相关分析计算得到环境因子间的相关性系数，发现环境因子之间存在显著的相关关系，其中 TP 和 Chl-a、TP 和 PO_4^{3-}-P 呈现高度的正相关，NH_3-N 和 pH、DO 和 Chl-a 呈现高度的负相关。然后运用聚类分析，50 个样方首先按照采样年份聚集成小组，说明环境因子存在年际差异，随后它们按照空间位置聚合成较大的分组，表现为大部分的省界（SJ）、栖霞（QX）采样样方归为一类，大部分的南通（NT）、江阴（JY）采样样方为另一类，说明环境因子存在明显的沿程的差异，之后所有的冬季采样点聚集为一类，所有的夏季采样点为另一类，说明环境因子存在显著的季节差异。且环境因子的季节差异＞沿程差异＞年际差异。进一步地，根据 PCA 主成分分析结果，水温高的夏季，Chl-a 和 TN、TP、COD_{Mn} 含量高，NH_3-N、DO 含量低，$PO_4^{3-}-P$、pH 则几乎不受水温的影响；冬季则相反；离省界段远的下游区域，COD_{Mn}、NH_3-N 含量高，$Chl-a$ 和 TN、TP、$PO_4^{3-}-P$ 含量低，上游区域则相反，而 DO 则几乎不受空间位置的影响。

（2）浮游植物功能群受环境因子的影响具有差异性。通过对浮游植物功能群和环境因子的 RDA 分析，揭示了不同功能群的生长受不同生境条件的影响，结合简化的 RDA 模型可以更清晰地发现，浮游植物功能群和 DO、TN、$PO_4^{3-}-P$ 以及 pH 四个环境变量之间存在明显的关系。

（3）着生藻类功能群受环境因子的影响具有差异性。分析简化后的 RDA 模型发现，着生藻类功能群和 WT 之间存在明显的关系。这既说明着生藻类功能群本身受水温影响显著，同时由于环境因子中的一些理化指标 DO、TP、TN、COD_{Mn} 与水温具有较高的相关性，因此，着生藻类功能群在不同水温条件下的差异性（即季节性的差异）也可能背后存在理化指标差异性的贡献。这也说明了着生藻类功能群受到诸多环境因子组合的影响，与浮游植物功能群的结果类似。

第6章

结 论 与 展 望

6.1 结论

本研究基于长江江苏段 2012—2016 年 5 年的浮游植物（包括 2016—2017 年 4 次着生藻类数据）和环境因子数据，进行了浮游植物、着生藻类的时空变化规律的分析，同时也进一步探究了浮游植物、着生藻类和环境因子之间的关系，得到的主要结论如下：

（1）长江江苏段浮游植物群落结构存在空间、季节和年际差异。2012—2016 年共鉴定出浮游植物 77 属 233 种，隶属于 8 门。从季节上看，浮游植物群落结构季节变化规律明显，夏季物种数高于冬季；在种类构成上，夏季和冬季相似，均为硅藻门和绿藻门占优势，其他门类占比少；浮游植物密度和生物量均为夏季高于冬季；优势种夏季以蓝藻门占优势，冬季以硅藻门和绿藻门占优势；多样性指数有明显的季节变化，Shannon - Wiener 多样性指数和 Pielou 均匀度指数均为冬季高于夏季，Margalef 丰富度指数夏季高于冬季。从年际变化上看，浮游植物种类数随年际变化有明显规律，呈逐渐下降趋势；密度和生物量总体呈先下降后上升的趋势；优势种随时间交替变化，其中给水颤藻、两栖席藻、双点席藻、浮游席藻、颗粒直链藻、小环藻每年都会出现，且出现频次高；Margalef 丰富度指数和 Shannon - Wiener 多样性指数整体上呈下降趋势，Pielou 均匀度指数各采样点变化趋势各有不同。从空间上看，长江江苏段密度、生物量从上游到下游总体上变化趋势为沿程先下降后上升；整体上 5 个采样点优势种组成相似，主要为蓝藻门中的席藻属，但不同季节各采样点间也存在差异。此外，对功能群的聚类分析结果也表明浮游植物功能群的分布存在空间、季节和年际差异，并且空间差异＞季节差异＞年际差异。

（2）长江江苏段着生藻类群落结构存在空间、季节和年际差异。季节上，着生藻类种类数变化为秋夏高、冬春低，四个季节着生藻类种类数在 26～46 种之间变动，冬季和春季较为接近；从种类组成上看，各季度着生藻类种类组成结构变化不大，主要由硅藻、绿藻、蓝藻组成，其中，硅藻门占比最大，是构成长江江苏段着生藻类种类的最主要门类；着生藻类密度和生物量的变化均为秋夏高、冬春低。优势种有明显的季节变化规律，其中蓝藻门中席藻属和颤藻属在全年均为优势种，此外，夏季和秋季的优势种较冬春季要丰富；Shannon - Wiener 多样性指数、Pielou 均匀度指数及 Margalef 丰富度指数随季节变化均表现为夏秋季高于冬春季。空间上，长江江苏段着生藻类种类数从上游到下游呈上升趋势；不同采样点位着生藻类密度和生物量差异明显，总体上，南通、栖霞和扬州较高，江阴和省界较低；南通点和栖霞点着生藻类优势种空间变化较明显，中上游优势种以硅藻门为主，中下游以蓝藻门为主；着生藻类多样性指数随空间变化趋势一致，Shannon - Wiener 多样性指数和 Pielou 均匀度指数均表现为扬州＞省界＞江阴＞南通＞栖霞。综上所述，着生藻类的分析结果和浮游植物相似。

（3）对环境因子的分析结果表明，环境因子也存在时空分布的差异。例如，通过 Pearson 相关分析发现环境因子之间存在显著的相关关系，其中 TP 和 Chl-a、TP 和 PO_4^{3-}-P 呈现高度的正相关，NH_3-N 和 pH、DO 和 Chl-a 呈现高度的负相关。聚类分析发现环境因子存在年际差异、沿程差异以及季节差异，且环境因子的季节差异＞沿程差异＞年际差异。根据 PCA 主成分分析发现，水温（WT）和与省界的距离（Das）对环境因子影响较大。并且研究发现浮游植物、着生藻类群落结构和环境因子三者之间存在相关关系。具体而言，从 RDA 的分析结论可以看出，无论是浮游植物功能群还是着生藻类的功能群都会受到环境因子的影响。不同的环境条件会主导不同的浮游植物、着生藻类功能群的生长。综合地说，无论是浮游植物还是着生藻类，它们的功能群分布都在一定程度上体现了水体中各个环境指标（环境因子）组合条件下的影响效果。

（4）由此可见，长江江苏段浮游植物、着生藻类的群落结构特征的时空变化过程受水体环境要素影响，两者之间关系密切，其群落结构的时空变化对水体的环境特征具有指示作用，可以为长江江苏段水生态环境保护提供决策依据。

6.2 展望

本研究通过野外采样、实验室镜检分析、数据处理、统计分析等步骤，对长江江苏段浮游植物、着生藻类、环境因子以及它们之间的关系进行了研究，但在研究过程中，仍存在一些不足和将来需要完善的地方。

（1）浮游植物和着生藻类是两种生长习性不同的生物，本研究由于前期技术、野外采样等方面的限制，对着生藻类的研究因时间限制，目前还缺乏长系列的采样，故缺乏对两者之间关系的系统性探究，这是将来可以进一步深化的地方。

（2）在分析浮游植物、着生藻类和环境因子的相关关系时，由于缺少河流泥沙、河势等水文数据，可能会忽视掉一些影响浮游植物和着生藻类群落结构的水文环境因子，影响对浮游植物、着生藻类群落结构和环境因子之间的全面理解，这也是将来可以进一步完善的地方。

参　考　文　献

［1］　张书涛. 如何加强水资源的可持续发展与利用［J］. 中国石油和化工标准与质量，2011，
　　　 31（12）：268 - 268.

［2］　索丽生. 科学开发水能资源 促进水资源可持续利用和经济社会的可持续发展［J］. 水利发展研
　　　 究，2004，4（11）：12 - 15.

［3］　张平. 国外水资源管理实践及对我国的借鉴［J］. 人民黄河，2005，27（6）：6 - 7.

［4］　王超俊，吕顶产. 长江水资源保护面临的问题与对策［J］. 水利发展研究，2001，1（2）：8 - 12.

［5］　章志强，李涛章. 浅谈长江南京河段岸线治理与沿江经济发展［J］. 江苏水利，2010（1）：
　　　 15 - 16.

［6］　李新民，何百根，刘明，等. 南水北调中线工程与长江中游地区水资源优化利用［J］. 华中师范
　　　 大学学报（自科版），2002，36（2）：237 - 239.

［7］　孙波，刘曙光，顾杰，等. 三峡与南水北调工程对长江口水源地的影响［J］. 人民长江，2008，
　　　 39（16）：4 - 7.

［8］　殷旭旺，渠晓东，李庆南，等. 基于着生藻类的太子河流域水生态系统健康评价［J］. 生态学报，
　　　 2012，32（6）：1677 - 1691.

［9］　李云. 不同时间尺度长江口及毗邻海域浮游生物群落变化过程的初步研究［D］. 上海：华东师范
　　　 大学，2008.

［10］　Ndebelemurisa M R，Musil C F，Raitt L. A review of phytoplankton dynamics in tropical African
　　　 lakes.［J］. South African Journal of Science，2010，106（1/2）：13 - 18.

［11］　李娣，李旭文，牛志春，等. 太湖浮游植物群落结构及其与水质指标间的关系［J］. 生态环境学
　　　 报，2014（11）：1814 - 1820.

［12］　武琳，刘雪华，成小英，等. 景观水体浮游藻类变化及与水质因子关系分析［J］. 环境科学与技
　　　 术，2012，35（4）：126 - 132.

［13］　文航，蔡佳亮，苏玉，等. 滇池流域入湖河流丰水期着生藻类群落特征及其与水环境因子的关系
　　　 ［J］. 湖泊科学，2011，23（1）：40 - 48.

［14］　Zhou M J，Shen Z L，Yu R C. Responses of a coastal phytoplankton community to increased nutri-
　　　 ent input from the Changjiang（Yangtze）River［J］. Continental Shelf Research，2008，28（12）：
　　　 1483 - 1489.

［15］　Henry J C，Fisher S G. Spatial segregation of periphyton communities in a desert stream：causes
　　　 and consequences for N cycling［J］. Journal of the North American Benthological Society，2003，
　　　 22（4）：511 - 527.

［16］　Naselli-Flores L，Barone R. Phytoplankton dynamics and structure：a comparative analysis in natu-
　　　 ral and man－made water bodies of different trophic state［J］. Hydrobiologia，2000，438（1 - 3）：
　　　 65 - 74.

［17］　金相灿，屠清瑛. 湖泊富营养化调查规范［M］. 2版. 北京：中国环境科学出版社，1990.

［18］　胡鸿钧，魏印心. 中国淡水藻类［M］. 北京：科学出版社，2006.

［19］　Nauwerck A. Die Beziehungen zwischen Zooplankton und Phytoplankton im See Erken［J］. Acta

Universitatis Upsaliensis，1963.

[20] Reynolds C S. The ecology of freshwater phytoplankton [J]. Quarterly Review of Biolog，1985，60（2）.

[21] 饶钦止，等. 湖泊调查基本知识 [M]. 北京：科学出版社，1956.

[22] 饶钦止，章宗涉. 武汉东湖浮游植物的演变（1956—1975年）和富营养化问题 [J]. 水生生物学报，1980（1）：1-17.

[23] 刘建康. 高级水生生物学 [M]. 北京：科学出版社，1999.

[24] 陈重军，韩志英，朱荫湄，等. 周丛藻类及其在水质净化中的应用 [J]. 应用生态学报，2009，20（11）：2820-2826.

[25] Biggs B J F，Close M E. Periphyton biomass dynamics in gravel bed rivers：the relative effects of flows and nutrients [J]. Freshwater Biology，1989，22（2）：209-231.

[26] Mundie J H，Simpson K S，Perrin C J. Responses of Stream Periphyton and Benthic Insects to Increases in Dissolved Inorganic Phosphorus in a Mesocosm [J]. Canadian Journal of Fisheries & Aquatic Sciences，1991，48（11）：2061-2072.

[27] Sand-Jensen K，Borum J. Interactions among phytoplankton，periphyton，and macrophytes in temperate freshwaters and estuaries [J]. Aquatic Botany，1991，41（1-3）：137-175.

[28] 冉翊. 多层营养盐协同作用的藻类生长模型研究 [D]. 重庆：重庆大学，2007.

[29] Komulaynen S. Use of phytoperiphyton to assess water quality in north-western Russian rivers [J]. Journal of Applied Phycology，2002，14（1）：57-62.

[30] 胡显安，王国庆，李顺. 用着生藻类评价松花江佳木斯江段的水质状况 [J]. 黑龙江环境通报，2003，27（1）：92-93.

[31] Leblanc K，Cornet V，Caffin M，et al. Phytoplankton community structure in the VAHINE mesocosm experiment [J]. Biogeosciences Discussions，2016（13）：1-34.

[32] 周敏. 惠州西湖浮游植物群落特征及其与氮、磷营养盐关系的研究 [D]. 广州：暨南大学，2012.

[33] 刘麟菲. 渭河流域着生藻类群落结构与环境因子的关系 [D]. 大连：大连海洋大学，2014.

[34] 郭艳琴. 环境因素对黄河藻类生长影响的研究 [D]. 包头：内蒙古科技大学，2010.

[35] Ke Z，Xie P，Guo L. Controlling factors of spring-summer phytoplankton succession in Lake Taihu（Meiliang Bay，China）[J]. Hydrobiologia，2008，607（1）：41-49.

[36] 商兆堂，任健，秦铭荣，等. 气候变化与太湖蓝藻暴发的关系 [J]. 生态学杂志，2010，29（1）：55-61.

[37] 孙春梅，范亚文. 黑龙江黑河段水域藻类植物群落结构及其环境相关性的初步分析 [J]. 海洋与湖沼，2010，41（1）：126-132.

[38] Hinga K R. Effects of pH on coastal marine phytoplankton [J]. Marine Ecology Progress，2002（238）：281-300.

[39] 况琪军，夏宜珍，坂本充. 酸化水体中的藻类研究 [J]. 中国环境科学，1994（5）：350-355.

[40] Greenwood J L，Lowe R L. The Effects of pH on a Periphyton Community in an Acidic Wetland，USA [J]. Hydrobiologia，2006，561（1）：71-82.

[41] Elser J J，Marzolf E R，Goldman C R. Phosphorus and Nitrogen Limitation of Phytoplankton Growth in the Freshwaters of North America：A Review and Critique of Experimental Enrichments [J]. Canadian Journal of Fisheries & Aquatic Sciences，1990，47（7）：1468-1477.

[42] Fitzwater S E，Johnson K S，Gordon R M，et al. Trace metal concentrations in the Ross Sea and their relationship with nutrients and phytoplankton growth [J]. Deep Sea Research Part II Topical Studies in Oceanography，2000，47（15-16）：3159-3179.

[43] 况琪军，毕永红，周广杰，等．三峡水库蓄水前后浮游植物调查及水环境初步分析 [J]．水生生物学报，2005，29（4）：353 - 358．

[44] 陈校辉，陈学进，唐建清，等．长江江苏段浮游植物群落结构特征调查报告 [J]．水产养殖，2006，27（4）：11 - 16．

[45] 曾辉．长江和三峡库区浮游植物季节变动及其与营养盐和水文条件关系研究 [D]．武汉：中国科学院研究生院（水生生物研究所），2006．

[46] 杨超．长江上游江津段德感坝河岸带周丛藻类群落结构特征及水质评价 [D]．重庆：西南大学，2014．

[47] 郭海晋，王政祥，邹宁．长江流域水资源概述 [J]．人民长江，2008，39（17）：3 - 5．

[48] 夏晶，吴海锁，尹大强，等．长江（江苏段）沿江开发水质监控预警系统建设 [J]．四川环境，2006，25（1）：96 - 99．

[49] 江苏省地方志编纂委员会．江苏省志水利志 [M]．南京：江苏古籍出版社，2001．

[50] 长江渔业资源管理委员会．长江水生生物资源养护工作中存在的问题及对策 [J]．中国水产，2011（11）：18 - 21．

[51] 黄春贵．长江江苏段浮游植物调查报告 [J]．水产养殖，2002（3）：39 - 40．

[52] 周凤霞．淡水微型生物图谱 [M]．北京：化学工业出版社，2005．

[53] 王自业，葛继稳，李建峰，等．三峡库区古夫河着生藻类分布与水质因子的关系 [J]．植物科学学报，2013，31（3）：219 - 227．

[54] 编委会国家环境保护总局水和废水监测分析方法．水和废水监测分析方法 [M]．4 版．北京：中国环境科学出版社，2002．

[55] 金相灿，屠清瑛．湖泊富营养化调查规范 [M]．2 版．北京：中国环境科学出版社，1990．

[56] Eppley R W，Reid F M H，Strickland J D H. Estimates of phytoplankton crop size, growth rate, and primary production [J]. Calif Univ Scripps Inst Oceanogr Bull, 1970（17）：33 - 42．

[57] Wei G，Wang Z，Lian J. Succession of dominant phytoplankton species in autumn and spring in waters of Dapeng'ao Cove, Daya Bay, Guangdong province [J]. Journal of Tropical Oceanography, 2004（23）．

[58] Liu X Z，Li Z J，Cao Y C，et al. Common species composition, quantity variation and dominant species of planktonic microalgae in low salinity culture ponds. [J]. South China Fisheries Science, 2009，5（1）：9 - 16．

[59] Zhao Q L，Gu L I，Tao L，et al. Effects of photosynthetic bacteria strengthen on phyplankton community structure in intensive fish ponds [J]. Freshwater Fisheries, 2010，40（6）：61 - 65．

[60] Mallin M A. The plankton community of an acid blackwater South Carolina power plant impoundment [J]. Hydrobiologia, 1984，112（3）：167 - 177．

[61] 郭玉清，张志南，慕芳红．渤海自由生活海洋线虫多样性的研究 [J]．海洋学报，2003，25（2）：106 - 113．

[62] 国超旋，刘妍，范亚文，等．2012 年夏季三江平原湿地抚远地区浮游植物群落结构及多样性 [J]．湖泊科学，2014，26（5）：759 - 766．

[63] 阮景荣，戎克文．罗非鱼对微型生态系统浮游生物群落和初级生产力的影响 [J]．应用生态学报，1993，4（1）：65 - 73．

[64] Dethier, M. N, Steneck, et al. A Functional Group Approach to the Structure of Algal-Dominated Communities [J]. Oikos, 1994，69（3）：476 - 498．

[65] Gligora Udovič M，Žutinič，Petar，Kralj Borojević K，et al. Co-occurrence of functional groups in phytoplankton assemblages dominated by diatoms, chrysophytes and dinoflagellates [J]. Fundamental & Applied Limnology, 2015，1872（2）：101 - 111．

［66］ Devercelli M，O'Farrell I. Factors affecting the structure and maintenance of phytoplankton functional groups in a nutrient rich lowland river ［J］. Limnologica — Ecology and Management of Inland Waters，2013，43 (2)：67 - 78.

［67］ Bruns D A，Minshall G W，Brock J T，et al. Ordination of Functional Groups and Organic Matter Parameters from the Middle Fork of the Salmon River，Idaho ［J］. Freshwater Invertebrate Biology，1982，1 (3)：2 - 12.

［68］ Reynolds C S. Phytoplankton assemblages and their periodicity in stratifying lake systems ［J］. Ecography，1980，3 (3)：141 - 159.

［69］ Reynolds C S，Huszar V，Kruk C，et al. Towards a functional classification of the freshwater phytoplankton ［J］. Journal of Plankton Research，2002，24 (5)：417 - 428.

［70］ 刘足根，张柱，张萌，等. 赣江流域浮游植物群落结构与功能类群划分 ［J］. 长江流域资源与环境，2012，21 (3)：375 - 384.

［71］ 张怡，胡韧，肖利娟，等. 南亚热带两座不同水文动态的水库浮游植物的功能类群演替比较 ［J］. 生态环境学报，2012，21 (1)：107 - 117.

［72］ 杨文，朱津永，陆开宏，等. 淡水浮游植物功能类群分类法的提出、发展及应用 ［J］. 应用生态学报，2014，25 (6)：1833 - 1840.

［73］ 胡韧，蓝于倩，肖利娟，等. 淡水浮游植物功能群的概念、划分方法和应用 ［J］. 湖泊科学，2015，27 (1)：11 - 23.

［74］ Kulkarni S G，Chaudhary A K，Nandi S，et al. Modeling and monitoring of batch processes using principal component analysis (PCA) assisted generalized regression neural networks (GRNN) ［J］. Biochemical Engineering Journal，2004，18 (3)：193 - 210.

［75］ Yu P. Applications of hierarchical cluster analysis (CLA) and principal component analysis (PCA) in feed structure and feed molecular chemistry research，using synchrotron — based Fourier transform infrared (FTIR) microspectroscopy. ［J］. Journal of Agricultural & Food Chemistry，2005，53 (18)：7115.

［76］ 沈会涛，刘存歧. 白洋淀浮游植物群落及其与环境因子的典范对应分析 ［J］. 湖泊科学，2008，20 (6)：773 - 779.

［77］ Kaufman L. Rousseeuw PJ：Finding Groups in Data：An Introduction to Cluster Analysis ［J］. Machine Design，1990 (74).

［78］ Thomas M，Devi Prasad A G，Hosmani S P. Evaluating the role of physico — chemical parameters on plankton population by application of cluster analysis. ［J］. Nature Environment & Pollution Technology，2006.

［79］ 方开泰. 聚类分析 ［M］. 北京：地质出版社，1982.

［80］ 夏冰，刘昉勋，黄致远. 典范分析在江苏海岸带盐土植物排序中的应用 ［J］. 应用生态学报，1991，2 (3)：264 - 268.

［81］ 张金屯. 植被数量生态学方法 ［M］. 北京：中国科学技术出版社，1995.

［82］ Flores L N，Barone R. Phytoplankton dynamics in two reservoirs with different trophic state (Lake Rosamarina and Lake Arancio，Sicily，Italy) ［J］. Hydrobiologia，1998，369 - 370：163 - 178.

［83］ Ter Braak C J F. Canonical Correspondence Analysis：A New Eigenvector Technique for Multivariate Direct Gradient Analysis ［J］. Ecology，1986，67 (5)：1167 - 1179.

［84］ 任启飞，陈椽，李荔，等. 红枫湖秋季浮游植物群落与环境因子关系研究 ［J］. 环境科学与技术，2010，33 (S2)：59 - 64.

［85］ Legendre P，Gallagher E D. Ecologically meaningful transformations for ordination of species data ［J］. Oecologia，2001，129 (2)：271 - 280.

［86］ 曹云生，杨新兵，张伟，等 . 冀北山区森林群落草本多样性及其与地形关系研究［J］. 生态环境学报，2010（12）：2840 - 2844.

［87］ 陈校辉 . 长江江苏段水生生物调查与研究［D］. 南京：南京农业大学，2007.

［88］ 陈家长，孟顺龙，尤洋，等 . 太湖五里湖浮游植物群落结构特征分析［J］. 生态环境学报，2009，18（4）：1358 - 1367.

［89］ Mitrovic S M，Hitchcock J N，Davie A W，et al. Growth responses of Cyclotella meneghiniana (Bacillariophyceae) to various temperatures［J］. Journal of Plankton Research，2010，32（8）：1217 - 1221.

［90］ Lewitus A J，Caron D A，Miller K R. EFFECTS OF LIGHT AND GLYCEROL ON THE ORGANIZATION OF THE PHOTOSYNTHETIC APPARATUS IN THE FACULTATIVE HETEROTROPH PYRENOMONAS SALINA (CRYPTOPHYCEAE)［J］. Journal of Phycology，2010，27（27）：578 - 587.

［91］ 缪灿，李堃，余冠军 . 巢湖夏、秋季浮游植物叶绿素 a 及蓝藻水华影响因素分析［J］. 生物学杂志，2011，28（2）：54 - 57.

［92］ 袁聪，陶诗雨，张莹莹，等 . 安康水库表层浮游藻类群落结构及其与环境因子的关系［J］. 应用生态学报，2015，26（7）：2167 - 2176.

［93］ 刘睿，吴巍，周孝德，等 . 渭河浮游细菌群落结构特征及其关键驱动因子［J］. 环境科学学报，2017，37（3）：934 - 944.

附录 I 浮游植物夏冬两季优势种

门	种	拉丁名	2012年 夏	2012年 冬	2013年 夏	2013年 冬	2014年 夏	2014年 冬	2015年 夏	2015年 冬	2016年 夏	2016年 冬
蓝藻	给水颤藻	*Oscillatoria. irriguum*	√		√	√			√	√	√	√
	两栖席藻	*Phormidium. diguetii*	√		√	√		√	√	√	√	
	双点席藻	*Phormidium. geminata*	√					√	√	√	√	√
	细小平裂藻	*Merismopedia. minima*	√									
	简氏节旋藻	*Arthrospira. jenneri*	√									
	铜绿微囊藻	*Microcystis. aeruginosa*	√		√				√			
	亮绿色颤藻	*Oscillatoria chlorina*	√									
	尖细颤藻	*chlorina. acuminata*			√							
	大螺旋藻	*Spirulina. major*								√		
	包式颤藻	*Oscillatoria. boryana*									√	
	点形平裂藻	*Merismopedia. punctata*									√	
	微小平裂藻	*Merismopedia. minima*			√				√			
	浮游席藻	*Phormidium. planctonica*				√	√	√	√	√	√	√
	阿氏颤藻	*Oscillatoria. agardhii*				√				√		
	弯形小尖头藻	*Raphidiopsis. curvata*				√						
	中华小尖头藻	*Raphidiopsis. sinensia*						√				
	水华束丝藻	*Aphanizomenon. flos-aquae*							√			
	微绿舟形藻	*Cyclotella. meneghiniana*			√							
	颗粒直链藻窄	*Cyclotella. comensis*										√
硅藻	梅尼小环藻	*Navicula. viridis*	√	√			√	√				√
	微小环藻	*Melosira. granulata tenuis*				√					√	√
	颗粒直链藻	*Tetrastrum. glabrum*				√	√		√	√		
绿藻	平滑四星藻	*Ulothrix. variabilis*					√					
	多形丝藻	*Spondylosium. pygmaeum*	√							√	√	√
	矮型顶接鼓藻	*Ulothrix. subtillissima*			√							
	近微细丝藻	*Scenedesmus armatusvar. boglariensis*			√							

续表

门	种	拉丁名	2012年		2013年		2014年		2015年		2016年	
			夏	冬	夏	冬	夏	冬	夏	冬	夏	冬
绿藻	双对栅藻	*Scenedesmus. bijuga*		√			√					
	网球藻	*Dictyosphaerium. ehrenbergianum*		√								
	顶锥十字藻	*Crucigenia. apiculata*			√			√				
	空星藻	*Coelastrum. sphaericum*					√					
	弯曲栅藻	*Scenedesmus. arcuatus*					√					
	小球藻	*Chlorella. vulgaris*						√				
	四角盘星藻四齿变种（四角四胞）	*Pediastrum tetrasvar. tetraudron*							√			
	绿藻四星藻异刺	*Tetrastrum. heterocanthum*						√				
	四足十字藻	*Crucigenia. tetrapedia*								√		
	四尾栅藻	*Scenedesmus. quadricauda*								√		√
	近细微丝藻	*Ulothrix. subtillissima*										√
黄藻	葡萄藻	*Botryococcus. braunii*		√								
隐藻	啮蚀隐藻	*Cryptomonas. erosa*		√				√		√		
	尖尾蓝隐藻	*Chroomonas. acuta*								√		
金藻	黄群藻	*Synura. uvella*			√							
裸藻	椭圆鳞孔藻	*Lepocinclis. steinii*					√					

附录 Ⅱ　优势种编码

门	种	拉丁名	编码
蓝藻	浮游席藻	*Phormidium. planctonica*	*Pp*
	两栖席藻	*Phormidium. diguetii*	*Pd*
	阿氏席藻	*Oscillatoria. agardhii*	*Oa*
	给水颤藻	*Oscillatoria. irriguum*	*Oi*
	双点席藻	*Phormidium. geminata*	*Pg*
	阿氏颤藻	*Oscillatoria. agardhii*	*Oa*
	包氏颤藻	*Oscillatoria. boryana*	*Ob*
	尖细颤藻	*Chlorina. acuminata*	*Ca*
	亮绿色颤藻	*Oscillatoria chlorina*	*Oc*
	水华束丝藻	*Aphanizomenon. flos-aquae*	*Af*
	中华小尖头藻	*Raphidiopsis. sinensia*	*Rs*
	类颤鱼腥藻	*Anabaena. oscillarioides*	*Ao*
	卷曲鱼腥藻	*Anabaena. circinalis*	*Ac*
	简式节旋藻	*Arthrospira. jenneri*	*Aj*
	大螺旋藻	*Spirulina. major*	*Sm*
	点形平裂藻	*Merismopedia. punctata*	*Mp*
	微小平裂藻	*Merismopedia. minima*	*Mm*
	铜绿微囊藻	*Microcystis. aeruginosa*	*Ma*
绿藻	多形丝藻	*Ulothrix. variabilis*	*Uv*
	空星藻	*Coelastrum. sphaericum*	*Cs*
	小空星藻	*Coelastrum. microporum*	*Cmi*
	矮型顶接鼓藻	*Spondylosium. pygmaeum*	*Sp*
	近细微丝藻	*Ulothrix. subtillissima*	*Us*
	四尾栅藻	*Scenedesmus. quadricauda*	*Sq*
	弯曲栅藻	*Scenedesmus. arcuatus*	*Sa*
	顶锥十字藻	*Crucigenia. apiculata*	*Cap*
	美丽网球藻	*Dictyosphaerium. pulchellum*	*Dp*
	四足十字藻	*Crucigenia. tetrapedia*	*Ct*

续表

门	种	拉丁名	编码
硅藻	梅尼小环藻	*Cyclotella. meneghiniana*	*Cm*
	颗粒直链藻最窄变种	*Melosira. granulata tenuis*	*Mgt*
	颗粒直链藻	*Melosira. granulata*	*Mg*
	星杆藻	*Asterionella. Formosa*	*AF*
隐藻	卵形隐藻	*Cryptomonas. ovata*	*Co*
裸藻	椭圆鳞孔藻	*Lepocinclis. steinii*	*Ls*
金藻	黄群藻	*Synura. uvella*	*Su*

附录Ⅲ 长江江苏段浮游植物、着生藻类功能群

组群	环境特征	耐受	敏感	代表种
C	富营养型的中小型湖泊	低光照、低碳含量	硅消耗、水体分层	美丽星杆藻
D	河流等浑浊浅水体	冲刷	营养缺乏	尖针杆藻、针型菱形藻
E	贫营养或异养型、小型水体、浅水	低营养	二氧化碳缺乏	金藻纲
F	中到富营养、洁净	低营养、高浑浊	二氧化碳缺乏	湖生卵囊藻
G	富营养、停滞水体	高光照	营养盐缺乏	空球藻、实球藻
H_1	富营养、分层、低碳、低氮、浅水	低含碳量、低含氮量	水体混合、低光照、低磷	卷曲鱼腥藻、水华束丝藻
J	高营养、混合、浅水		高光照	盘星藻、空星藻、栅藻
K	富营养浅水		水体高度混合	隐球藻属
Lo	寡营养到富营养型	营养分层	长时间或深层混合	加顿多甲藻、湖泊小雪藻
M	小到中型、富到超富营养	暴晒	冲刷作用、低光照	微囊藻属
MP	经常性扰动、浑浊、浅水	混合搅动		连接脆杆藻、薛生柱孢藻
N	持续或半持续的混水层	低营养	pH升高、水体分层	鼓藻、角星鼓藻
P	水体混合层，营养指数偏高	低光照、低碳含量	水体分层、硅元素缺乏	颗粒直链藻
S2	温暖、高碱性、潜水	低光照	冲刷作用	钝顶节旋藻
SN	温暖、混合	低光照、低营养	冲刷作用	拟柱孢藻
TC	富营养型静止水体，		冲刷作用	颤藻、鞘丝藻
W_1	有机污染、浅水	高生化需氧量	牧食作用	裸藻、扁裸藻
W_2	中营养、浅水		酸性	囊裸藻、陀螺藻
Ws	富含植物分解有机质			黄群藻
X_3	贫营养、混合、浅水	恶劣环境条件	水体混合、牧食作用	弓形藻
X_2	中到富营养、浅水	分层	水体混合、滤食作用	微球衣藻、蛋白核隐藻
X_1	超富营养、浅水	分层	营养缺乏、滤食作用	微小单针藻、小球藻